百種寶石　圖文搭配　專業數據

寶石鑑定師先修班

GemstoneBasics

聯/合/推/薦

盛世吉寶石集團 滿族協會理事長
羅毓瑞

吳照明寶石鑑定中心負責人
吳照明

台北市文化藝術創作交流協會理事長
李穀生

台北市飾品加工職業工會理事長
潘正化

台北市珠寶產業工會理事長
李志忠

台北市珠寶產業工會
新北市珠寶產業工會 秘書
王勝正

台北基督之家 顧問長老
寇紹捷

CGCI寶石教學中心
陳淑娟

玉如意翡翠銀樓
林柏倉

珍藏版

入門寶石最佳的珍藏工具書

作者教授寶石課程實錄

推薦序

1991年的春天

于蘋從台北來電話說：「舅舅我下個月到美國投奔您。」我說：「好啊，放馬過來。」隨妳住多久，舅舅供膳宿。

于蘋是我家族中，典型的滿州格格姑奶奶氣息，美麗、活潑、開朗、絕頂聰慧裡帶些洒脫、耿直，還有與生俱來莫名的優越感。二十多歲的于蘋，到了紐約我家之後，除了去美語學校進修之外，每天下課後，在我店裡閒逛，漸漸和店內買家熟悉了，也開啓了于蘋對我陳列的數千件翡翠、寶石產生了興趣。從此；每天在店裡煩著我教她看寶石，我被煩了兩年之後的某一日，我告訴于蘋；妳學徒式的貴重寶石學習已經畢業了，很少人可以如妳一般，兩年之內摸過上萬件貴重寶石，現在妳去GIA美國寶石學院去實習正規的寶石學理，以及寶石儀器的鑒定研究吧！沒想到一句話影響于蘋一生的功業，她很有出息的在數年之內修畢了美國GIA寶石學院最頂級的G.G.寶石學家文憑、英國寶石協會FGA鑑定師頭銜、加拿大皇家大學企管碩士文憑...等等，今日在珠寶界裡，于蘋已是引領風騷的珠寶講師與鑑定家，且早在十多年前也擔任過電視頻道–東森購物的寶石鑑定師，稱得上是學、經歷豐富，是我門下學徒堅持學習而終成非凡的寶石研究專家，其餘我的百多位門生都在半途就開店做珠寶商了。

于蘋授課，專業認眞，她深知寶石研究，不是光靠教學時，課堂上觀察放大的那幾百顆各類寶石、或熟讀整冊的講義、就能學得寶石鑒定的本事、看出寶石眞假的端倪；所以，總在每學期學生畢業前做詳盡的課外教學。于蘋常帶著一群肯深入學習的學生，到各寶石市集做各類寶石原礦與寶石成品的實地探訪、兼併市價調查與寶石波動比較，我在台中的店，就時常要準備茶點，做為于蘋帶著教學的學生們的寶石實品探訪地之一。

推薦序

今年中秋節前，又來電話說：「舅舅；我要出版新的『寶石鑑定師先修班』教科書，內容涵蓋….等等，幫我題幾個字吧！」於是記錄幾則于蘋在珠寶路上的前塵往事，與讀者諸君共享之。
做為家族代表的我忝而為之序 歲次甲午年重陽日

作者舅舅 － 毓瑞
又名：毓子重 1952年12月生
現任：盛世吉寶石集團 主人
曾任：美國共和黨 亞裔總黨部共同主席
滿族協會 理事長
承德 納蘭性德 詩詞研究會 榮譽會長
北京 愛新覺羅 溥傑 書畫研究會 榮譽會長
世界滿族文教基金會 主席
台灣陸羽茶莊 主人

推薦序

很快6年過去，恭喜于蘋老師所著的書一寶石鑑定師先修班，要再版。她請我幫她寫序，但我卻遲遲未有機會提筆寫，總想找一天靜下來寫，正好今天有半天休息時間，才有這機會來完成。

2007年那年認識于蘋，當時她已在東森購物台工作，由同事介紹而來，第一次見面時，她說想要學習由英國Gem-A開設的FGA國際彩寶證照課程。我按往例都會先詢問學習動機，她說只是想多學一些寶石知識，我也沒有在意。直到開始上課後，在做實驗的過程中，發現她操作儀器熟練，一問才知道她在美國已讀過GIA寶石課程，而且取得寶石學家G.G.證書，來讀FGA是想要再精進。雖然在台灣Gem-A不如GIA有名，但是課程的教學方法和考試方法都完全不同。尤其她在美國已讀過GIA課程，再選擇英國FGA課程，在當時是很難能可貴的，用學無止境來形容她是最恰當。

我告訴她：「FGA和GIA是完全不同寶石課程，必須努力用功才能考過。之前有許多GIA同學失敗的例子。」在學習過程中，于蘋完全沒有表現出優越感的態度，一切從零開始，遇到問題會主動詢問，堅持把問題弄清楚。她沒有理工科背景，在光學理論方面就花了很多時間在理解，經過一年多的努力，終於取得FGA證書。取得證書後，又來教學中心帶學弟妹做實驗(無給職) 3年，才開始教FGA課程，一路到至今已10多年。

我心存感激當時于蘋在我最忙的時候，支持並幫我分擔課程。她也是我們教學中心第一位老師，直到現在，我可以放心的準備退休。

這本書是她融合20多年珠寶工作、學習和教學經驗的結合以淺顯的文字，帶領您走進珠寶領域，我極力推薦此書。

吳照明寶石顧問有限公司負責人
文化大學地質系兼任副教授　吳照明　吳照明

推薦序

對曾研讀過寶石學的我而言，早年所能接觸的除了《寶石鑑定標準教科書》 內容之外，所能參閱的相關資料實屬不易，總覺得寶石學內容繁鎖且不易理解， 往往阻礙學習的進度與興趣。欣見國內年輕優秀的「寶石鑑定師」 – 宋于蘋老師，她以教授 FGA 課程豐富的教學經驗，演而優則導，編著了《寶石鑑定師先修班》一書，書中內容從「寶石常用的儀器」介紹起，再論述寶石各家族：鑽石、剛玉家族、石榴石家族…有系統的作深入淺出的介紹，以「精簡洗鍊」的文字輔以「生動活潑」的圖表，讓讀者輕鬆進入大地歷經億萬年所蘊育出美麗、燦爛的寶石世界，絲毫不覺得「寶石學」是一門艱澀難懂的科目，誠屬難能可貴，讓我不得不讚佩作者「深厚的寶石學」功力！如今國內有如此一本「精彩絕倫」的寶石專書問世，值得強力推薦給日後有志成為「寶石鑑定師」的讀者，甚至一般大眾亦可將此書當作「豐富日常生活」的寶石參考書籍。

台北市珠寶產業工會
新北市珠寶產業工會 秘書 王勝正

秘書 王勝正

推薦序

「珠寶」從古至今爾後，相信一直會是個文明先進的代名詞，隨著科技進步，不僅寶石礦場不斷的被發掘，人造寶石亦不斷的推陳換新，相對珠寶知識亦不斷的被破解，迫使珠寶知識的研究領域就變得永無止境，這需廣大的愛好者不停的精進學習及修正觀念，欲窺珠寶的奧秘，且讓「宋于蘋」老師帶領您進入神祕的寶石國度裡，透過本書簡單易懂、深入淺出的方式道盡天然與人造的差異性，領略其中的變化。這是一本值得您珍藏的教科書，至於好不好，實是我所感，僅供參考，最終的評判就有賴諸君讀者，最後祈願讀者們都能受益。

台北市飾品加工職業工會 理事長 潘正化

推薦序

對珠寶界擁有寶石鑑定伯樂之稱的宋于蘋老師而言，不但是集寶石鑑定知識之大成，同時有二十餘年以上豐富的教學經驗，並且桃李滿天下，當今業界不少鑑定師皆出其手。本書不僅圖文並茂、淺顯易懂，是值得普羅消費者收藏，入門初學寶石鑑定之參考書，更是擁有寶石者殷殷期盼的最佳寶典。

本書不但是許多人對寶石認知可更進一步精確的見解，對於寶石價值的概念肯定受益匪淺，可謂是珠寶界對寶石鑑定之一本不可多得的寶石書籍。余認為不僅可代代相傳，而且也願其成為寶石鑑定者之活字典。

台北市文化藝術創作交流協會 理事長 李穀生

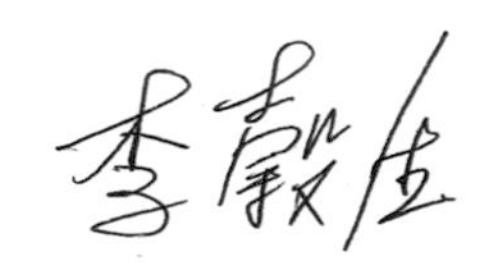

推薦序

一本好的寶石工具書值得你擁有，如果你有興趣要進入寶石這個領域。正確的啓蒙、無障礙的理解，圖文豐富的內容，相當有系統的編排整理，寶石知識不那麼的無趣，沒有豐富經驗的人，是無法寫出這樣的內容，這是我閱讀過後的感想。

認識于蘋老師已經很多年，在寶石教學環境中是位相當知名的學者，擁有寶石界的最高級雙學歷（FGA與GIA），多年豐富的教學經驗與實際的市場互動，學生衆多，業界也都知道。她把寶石世界濃縮在這本書中，寶石的特性也就可以隨時翻查，十分方便。

專業的寶石分類與系統的整理，淺顯易懂的文字編排，在閱讀的過程中不會困難，對於沒有接觸過寶石的人而言，是蠻不錯的啓蒙，可稱為寶石的字典。

這本書可以讓人對寶石原本艱深困難的觀念，有了簡單明瞭的認識，自然也就對寶石有了濃厚的興趣，在寶石世界中是十分少有的入門工具書，值得擁有。

台北市珠寶產業工會 理事長 李志忠

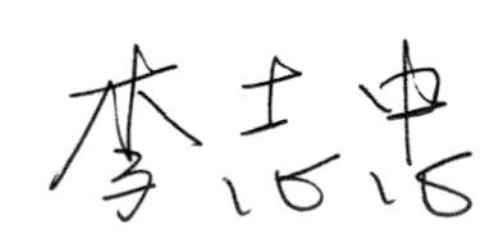

推薦序

Sophia在LINE上告知「乾爹，我的書要再出珍藏版了，請問您可以重新寫推薦序嗎？」我欣然允諾。

這是一本圖文並茂的入門書，可以引發任何一位門外漢對寶石的認識和興趣。

它也是一本實用的工具書，可以了解正確的寶石知識，書中諸多單元內包括寶石家族系列介紹等，更是專業寶石鑑定師值得珍藏的參考書。

和Sophia認識、互動與深知，雖然是在教會中，但其個人學經歷都完整，後取得GIA GG鑑定師及FGA鑑定師及取得加拿大公立皇家大學企管碩士學位。

返台後在英國寶石學會在台聯合教學中心、青年服務社、德明財經科技大學推廣中心及中國文化大學教育推廣部等單位任教。

Sophia授課專業認真，甚得學生喜愛。復帶領學生畢業前課外教學實地探訪、比較、研究真正體會 "知易行難"的明訓。

這書是Sophia二十幾年寶石鑑定經驗和收集的資料與大家分享，以期教學相長。聖經舊約路得記三章十節「女兒啊，願妳蒙耶和華賜福！妳末後的恩比先前的更大」。

台北基督之家　顧問長老　寇紹捷

推薦序

認識于蘋十多年來，看著她這些年對於寶石教育的熱誠與奉獻眞的值得讚賞與肯定。教學資歷從東森購物珠寶講師、中國文化大學教育推廣部珠寶講師、中國青年服務社、英國寶石學會在台聯合中心講師等，更進而在2019年當選新北市珠寶產業工會理事長。

于蘋除了擁有充足的寶石教學經驗外，對於學生也非常有耐心與仔細，多年前曾邀請于蘋老師到我高雄的教學中心教授Gem-A課程，她也馬上答應，高雄台北往返數次。每年高雄的學生北上考試她每次也必定到考場為考生加油鼓勵，眞的非常感謝。

《寶石鑑定師先修班》這本書推薦給想要認識寶石知識的每一位同學，學習寶石學必須由淺入深才能夠有紮實的基礎。這本書涵蓋了常用的寶石儀器介紹、七大晶系以及常見的寶石個論。簡單易懂的文字敘述與豐富的圖片，初學者可以非常清楚理解，是一本很值得收藏的寶石工具書。

CGCI 英國GEM-A寶石教學中心
義守大學助理教授 陳淑娟

推薦序

這本書就是進入寶石世界的鑰匙。
一本能引發興趣的書，就是一本很棒的書；宋老師在寶石領域多年的教學經驗，轉化成一本工具書，讓有心的人，可以更接近寶石世界。對於一個初學者而言，這樣的工具書，時時可看，方便攜帶，基本的寶石知識都在其中，十分方便。
把多年的教學與市場經驗，濃縮於這本書，十分用心；淺顯易懂的編排，寶石基本知識就能簡易的進入讀者的腦海，眞是造福寶石界學子。本人在市場多年的經驗，這樣的書籍，珍貴而且罕見，堪稱是華人世界中，最方便的寶石工具書。才識過人、經驗豐富、熱心教學、親切和藹，這是宋老師給人的印象，書也如其人般的感覺，充滿了口語化的知識領域，不會艱澀難懂，全力推薦。

玉如意翡翠銀樓 林伯倉 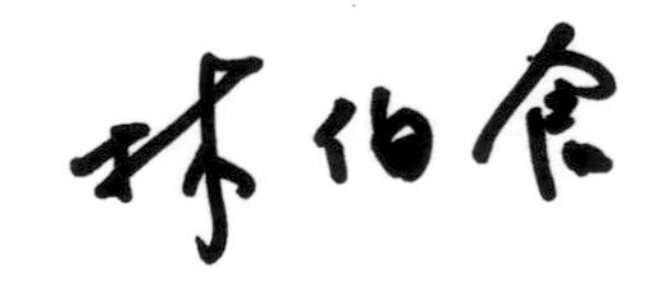

作者再序

教學是一股熱誠，但不能靠它維生，否則也不能存活到現在！
我從來不買賣珠寶，也不開鑑定書以免有爭議，我一直在做喜歡的教學工作。
當初寫這本工具書，是因為一開始上課都需要印講義，很多地方都說老師為何不把講義編成一本書呢？當然我也希望幫大家都整理好一本裝訂成冊的講義，但是眞的要編寫一本書就不是那麼簡單了。謝謝7年前所有幫助我出書的前輩及學生們,還有提供標本給我拍照的吳照明老師。現在又有林聖哲老師幫我校稿及美編，眞的萬分感謝！我記得7年前出了第一刷只是想在教學生涯給自己留個紀念與肯定，沒想到1000本半年就賣完了，這當中學生捧場的多，因為我也不了解市場行情就自費出書，也沒打算賺錢成本夠了就好了，於是半年後二刷1000本。我不懂行銷也不會給經銷商壓力就掛在網路上慢慢賣，就在今年初跟當年二刷一樣連家裡留的30本又送去出貨了！忘記當初想要給自己留些紀念的東西又沒有了，於是在先生和學生的鼓勵之下又興起了三刷的念頭，由於之前一刷跟二刷完全一樣，這次就想要改版改封面，因為我告訴自己這是最後一刷當作珍藏版應該不會再印了！現今市場上有關珠寶的書籍很多，尤其很多前輩知識淵博所寫的珠寶知識都很廣泛又很深奧，而我只是將最基本的寶石物理性質及化學成分，用最簡單的方法介紹清楚，就可以分辨寶石的工具書,曾經有前輩笑說，虧我教了二十幾年寶石鑑定，這本書寫得太淺顯了，但我這就是我的目的，要讓不懂寶石的人可以輕鬆入手而不是寫得太有深度而讓學生看不懂！珠寶世界的門其實很窄，但只要一腳跨了進來就會慢慢明白了！相信這本書會增加每一位對寶石有興趣者的信心及基本知識！

再次謝謝大家的關心與支持 我會繼續努力的！

新北市珠寶產業工會理事長　宋于蘋

The Gemmological Association of Great Britain

Diploma in Gemmology

This is to certify that

Sophia Sung

Passed the Level 5 Diploma in Gemmology

August 2009

with the following grades: theory B, practical A

Holder's Signature:

Student Number: 802842

Jack Ogden, Chief Executive Officer

Qualification No.: 100/2778/6

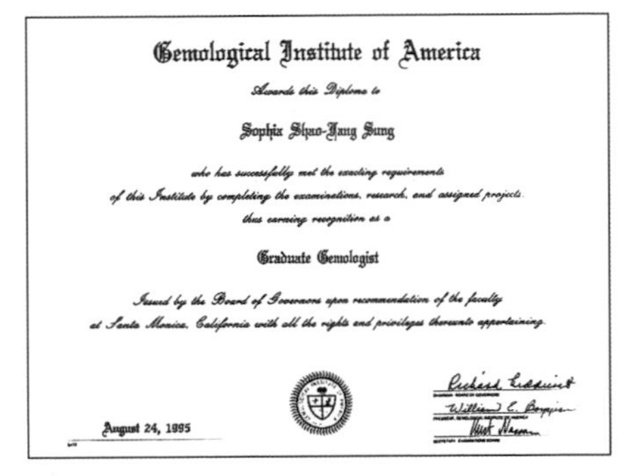

Gemological Institute of America

Awards this Diploma to

Sophia Shao-Yang Sung

who has successfully met the exacting requirements of this Institute by completing the examinations, research, and assigned projects thus earning recognition as a

Graduate Gemologist

Issued by the Board of Governors upon recommendation of the faculty at Santa Monica, California with all the rights and privileges thereunto appertaining.

August 24, 1995

ROYAL ROADS UNIVERSITY

VICTORIA, BRITISH COLUMBIA, CANADA

It is certified that

Sophia Sung

having completed the required course of study and having complied with all other requirements of the University is hereby admitted to the degree of

Master of Business Administration in Executive Management

In testimony whereof, we have affixed our signatures and the seal of the University this 18th day of May, 2011

Chancellor

President and Vice-Chancellor

Vice-President Academic and Provost, Registrar

新北市勞工團體職員當選證明書

新北府勞組字第1081511406號

姓名：宋于蘋

身分證字號：*********

出生年月日：56年02月15日

團體名稱：新北市珠寶產業工會

職員名稱：第3屆理事長

任期：108年6月25日至111年6月24日止

市長 侯友宜

中華民國108年08月06日

067859

目　錄

寶石學常用的儀器介紹

放大鏡：

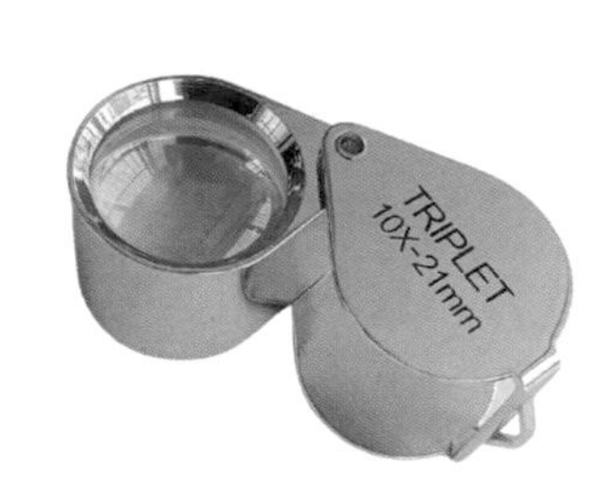

放大鏡的主要功能是將物體放大在寶石學來說也是最基本的配備。要使用好放大鏡關鍵在保持雙手平穩，並且要有好的照明條件。但很多人都以為拿著放大鏡就可以鑑定寶石，其實如果沒有專業的知識，放大鏡反而會造成誤判。

以有色寶石來說，內含物本身就很多，許多消費者本來被顏色所吸引的，結果放大觀察後發現一堆瑕疵，根本不能看。而且很多初學者都認為放大的倍數越大越好，其實不然，放大的倍數越大其焦距和放大鏡直徑就越小，反而不容易對焦。因此在寶石學上十倍放大就足夠了。

顯微鏡：

顯微鏡的倍數可以比放大鏡高很多，而且可以穩定又不會晃動，顯微鏡所取得的總放大倍數是目鏡系統放大倍數和物鏡系統放大倍數的組合。對於寶石顯微鏡，可以進行的變換工作有：一、焦距，二、放大倍數，三、光的漫射，四、光圈。

只有經過這樣的調整，才能觀察到所有必要的細節，以幫助鑑定寶石材料查看到更多更細微的特徵，因此在觀察寶石的包裹體時，通常都用顯微鏡較為清楚，尤其是鑑定天然或合成寶石的時候，需要特別的光源跟角度。但畢竟攜帶不方便，還是僅在實驗室使用較多。

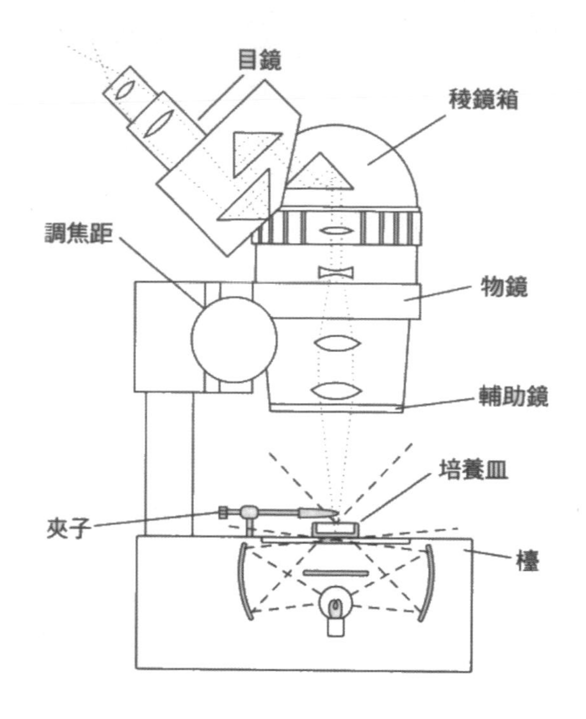

偏光鏡：

其原理是由兩片偏振片所組成，不管寶石是否切磨都可使用。但先決條件是要能夠透光。

如果是以鑲嵌且封底的寶石不適合。正交下的偏光鏡可以幫助我們測知寶石的光學性質，其內部結構是否為晶質或多晶質，各向同性或各向異性，甚至是異常消光效應ADR，當發現寶石為各向異性時，還可利用無應力玻璃棒找出寶石是一軸晶或二軸晶。

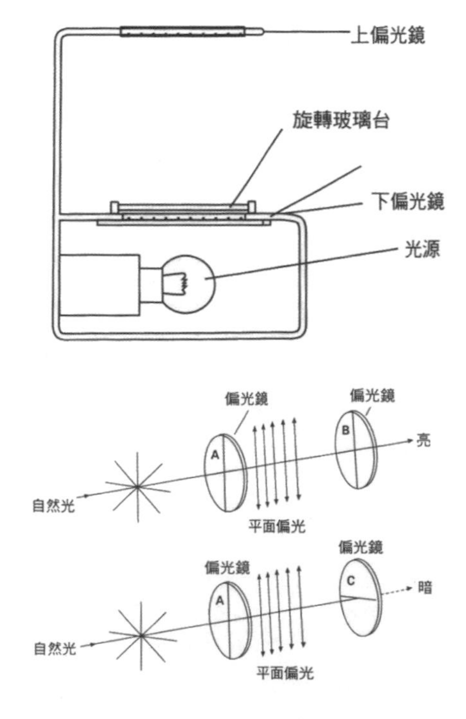

更特殊的是水晶，在偏光鏡的無應力玻璃棒下顯現牛眼現象，是其診斷特徵。偏光鏡的一軸晶或二軸晶亦可以將折射率接近的寶石區分來，例如：石英是一軸晶，長石是二軸晶。

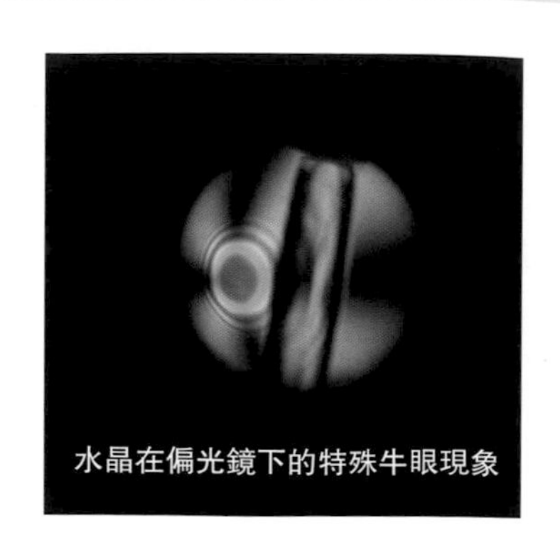
水晶在偏光鏡下的特殊牛眼現象

折射儀：

折射儀是利用全內反射TIR原理來測量寶石的折射率，其範圍值約在1.40~1.81之間，折射儀需要接觸液(折射率約1.79) 將寶石接觸在玻璃台(折射率約1.96) 上，折射率在寶石學上算是診斷性的測試，不同的寶石都有不同的折射率或雙折射率。

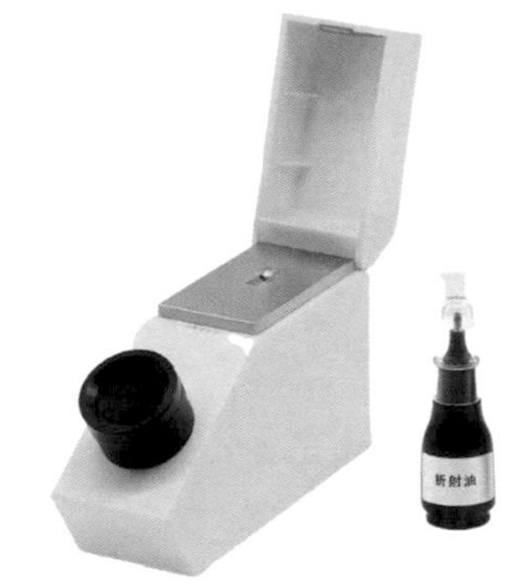

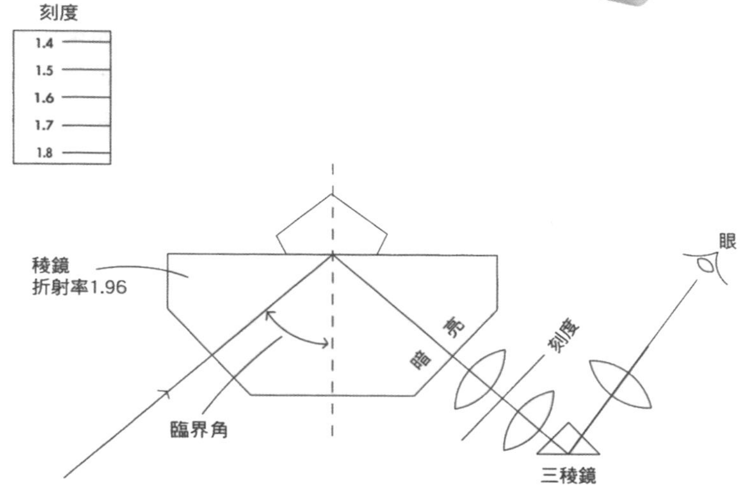

各向同性的寶石僅呈一條線為單折射，各向異性的寶石呈現兩條線為雙折射，最大減最小的折射率即為雙折射率。並寫在折射儀上可以顯示寶石的光性為一軸晶或二軸晶，正光性或負光性。多晶質的寶石必須用遠視技術法，且僅有一條線。例如：翡翠、玉髓。

分光鏡：

分光鏡主要是由白光分解成「紅橙黃綠藍紫」的光譜組成顏色，因為內部構造不同又分為稜鏡型分光鏡和光柵衍射型分光鏡，大多數的有色寶石產生顏色的原因是因為含有一些微量元素，如：紅寶石中有鉻，祖母綠也有鉻，澳洲玉含有鎳，主要的八種過度元素有：鉻、釩、鈦、錳、鐵、鈷、鎳、銅。不同的寶石有不同的吸收光譜，它們會影響寶石可見光譜的波長具有選擇性的吸收，可做為寶石的診斷性測試。

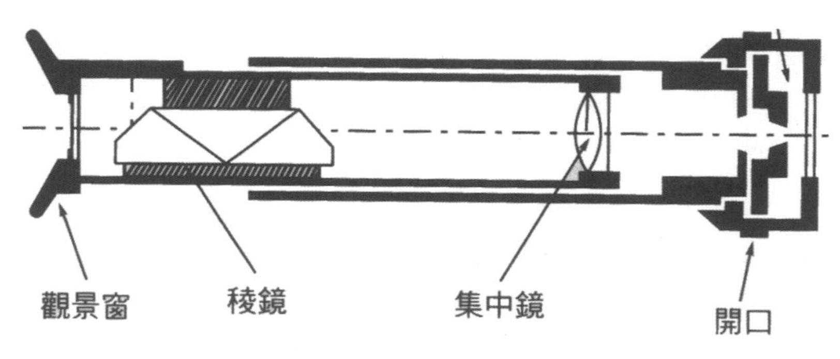

稜鏡型分光鏡

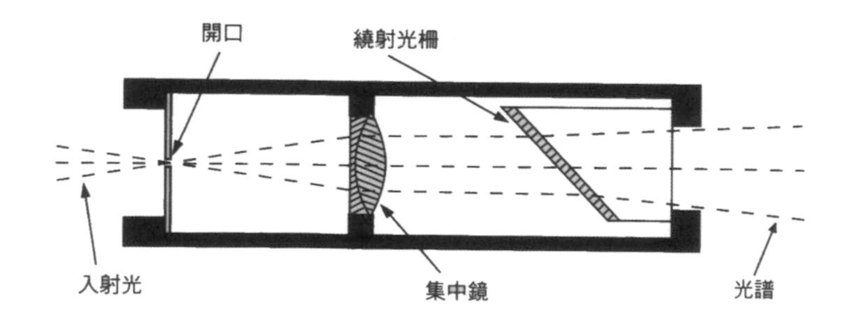

衍射光柵型分光鏡

比重秤：

比重是寶石與寶石同體積水重的比值，在寶石學我們多用阿基米德原理來求得比重。其公式為：

$$比重 = \frac{寶石在空氣中重量}{寶石在空氣中重量 - 寶石在水中的重量}$$

另外，GIA 是利用五種不同比重的比重液來測得中間值。

2.57　2.62　2.67　3.05　3.32

CCF 查爾斯濾色鏡：

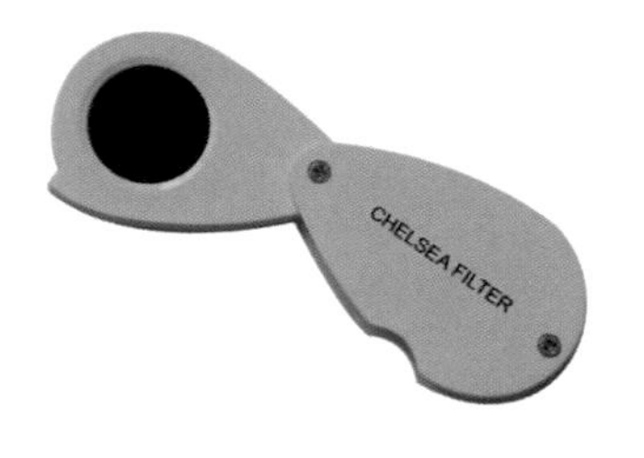

又稱翡翠的照妖鏡，其實並非那麼準確。查爾斯濾色鏡是由兩個濾色片所組成的，在濾色鏡下寶石只會出現紅色跟綠色這兩種顏色。最初是用來鑑定祖母綠區分其他綠色寶石，因為祖母綠含有鉻元素，在濾色鏡下會呈現紅色或粉紅色。可是A貨翡翠也含鉻，卻時常在濾色鏡下不變紅，是因為鐵含量過多而抑制了鉻。因此CCF僅能作為輔助性的測試，而非診斷性。但由於攜帶方便廣受普遍使用。另外，含鈷致色的合成寶石會呈現強紅色，例如：藍色合成鈷尖晶石、藍色合成鈷玻璃，亦可藉此與其他藍色寶石區分出來。

二色鏡 Dichroscope：

所謂二色性是當光進入到雙折射寶石，光線被寶石分開成兩種顏色。二色鏡又根據構造分為倫敦型二色鏡與方解石二色鏡。

使用二色鏡寶石的基本條件為：

一、要有顏色。

二、要能透光。

三、必須是雙折射寶石。

通常三方晶系、四方晶系、六方晶系的寶石具有二色性，而斜方晶系、單斜晶系、三斜晶系的寶石具有二色或三色性，例如：同樣是藍色寶石，藍寶石是二色性，丹泉石是三色性。但此為輔助性質非診斷特徵。

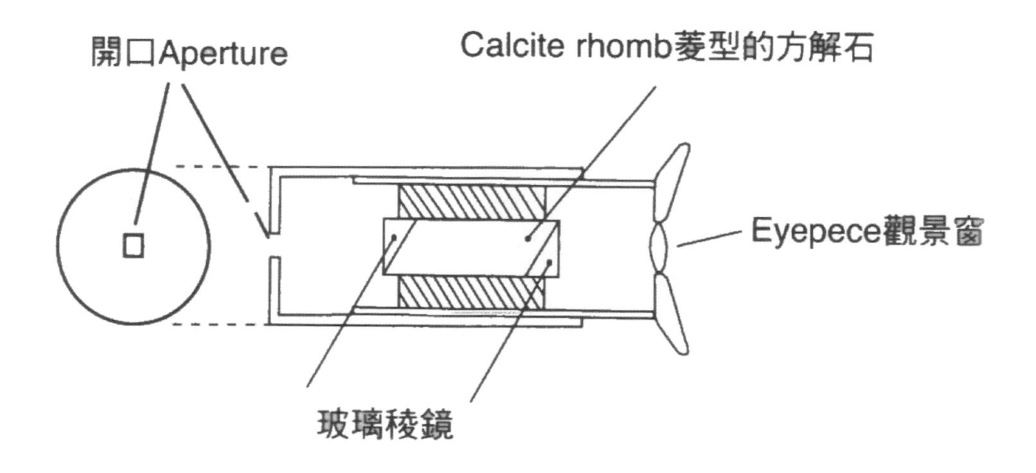

稜鏡型分光鏡

螢光燈：

當寶石受到外來能量的刺激而產生的可見光，稱之為螢光。

在寶石鑑定時應用較多的是紫外光，由於寶石本身內含的礦物有不同的吸收或干擾，而使寶石產生螢光反應。鑑定寶石用的螢光燈分為兩個波長，長波365nm，短波在254nm，對於翡翠B貨產生螢光反應，以及鑽石與仿冒品蘇聯鑽的區分最常使用。

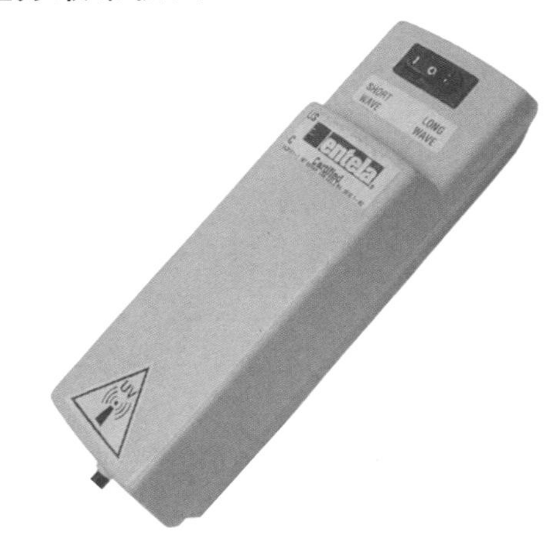

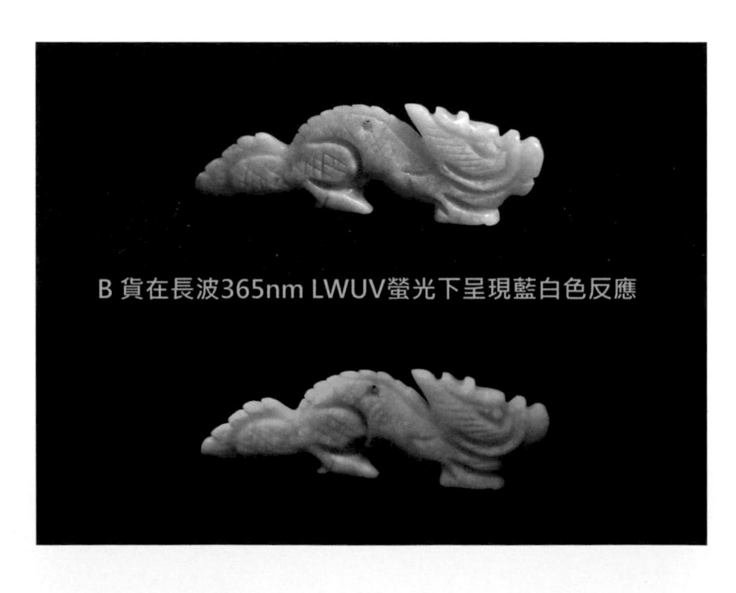
B 貨在長波365nm LWUV螢光下呈現藍白色反應

何謂寶石？

目前地球上所發現的礦物約有二千多種，但可以做為寶石的僅一百多種，而其中市面上常見的大概只有三十多種，將在本書一一做介紹。

寶石本身須具備的條件：

美麗性：

通常有色寶石的美麗性主要來自於顏色，其次是淨度，火光與亮度也會影響到寶石的美麗，因此寶石的折射率跟色散的高低與加工好壞都會有直接的關係。當然寶石如具有光學效應，例如：貓眼、變彩、星光等，又是另一種價值考量。

耐久性：

寶石如果耐久性不好，再美麗也沒辦法持久。耐久性包含了硬度、韌度、穩定度。硬度是指寶石抵抗刮磨的能力，通常要大於7，較不容易被刮傷，才能保持寶石原有之光澤，像硬度最高的鑽石，其摩氏硬度就是10。韌度是指寶石抵抗破裂而產生解理或斷口的能力，韌度最好的寶石非軟玉莫屬了，穩定度通常是指寶石對於光、熱、酸鹼化學品的抵抗能力。通常有機寶石的穩定度都不好。

稀有性：

天然寶石來自於大地，產量自然稀少。越稀少的寶石價格越高。例如:同樣是紫色的寶石丹泉石就比紫水晶要稀有，也因此價格較高，綠色碧璽跟翠榴石同為綠色寶石，但翠榴石的晶體較小，產量也少，自然價格就較碧璽為高。

投資性：

所有的寶石都希望能保值甚至增值，天然的寶石自然越來越少，具有投資潛力，但還是建立在美麗、耐久跟稀有性上，最重要的是具備國際鑑定書始無爭議。

寶石的分類：

根據化學成份分類：

*無機寶石：*例如：鑽石、剛玉、翡翠等。

*有機寶石：*例如：珍珠、珊瑚、琥珀等

根據寶石學(美國GIA跟英國的Gem–A)的分類：

一、鑽石。

二、有色寶石。

根據結晶結構的物理性質分為七大晶系：

1. 立方晶系

有三個晶軸 X、Y、Z，且三個軸等長，三軸間所夾的角度都是90°。

*理想單形：*立方體、八面體、菱形十二面體。

*寶石：*鑽石、石榴石、螢石、黃鐵礦、方鈉石、尖晶石等。

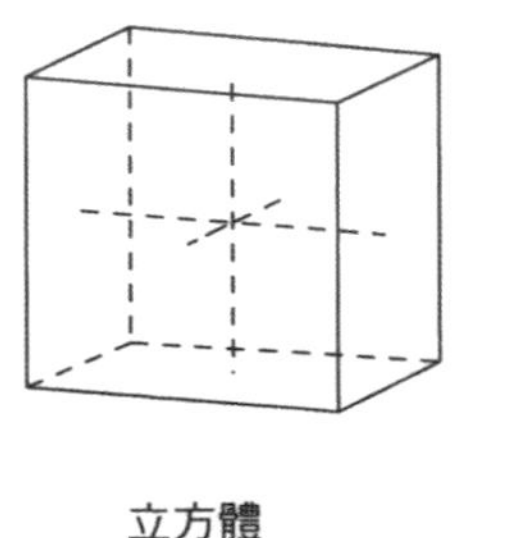

立方體

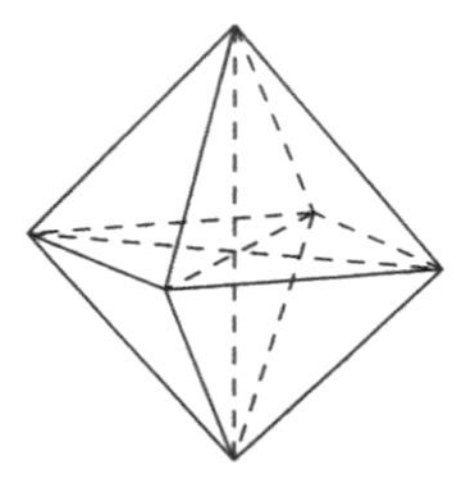

八面體

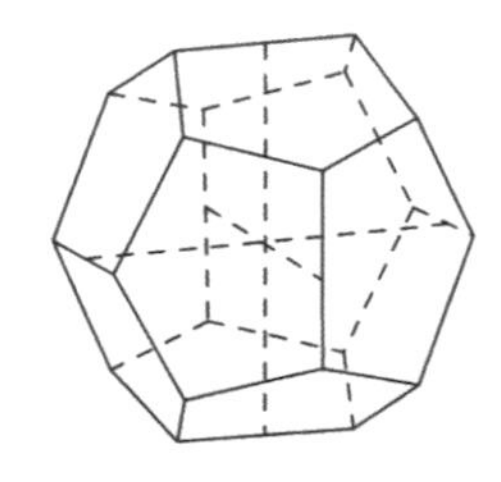

五角十二面體

立方晶系常見的晶形

2. 四方晶系

有三個晶軸、水平的兩個晶軸 X、Y 等長，第三個晶軸 Z 軸和 X 軸與 Y 軸不等長，但三個軸間的夾角都是 90°。

理想單形： 數種由單形所組成的聚形。

寶石： 符山石、方柱石、鋯石。

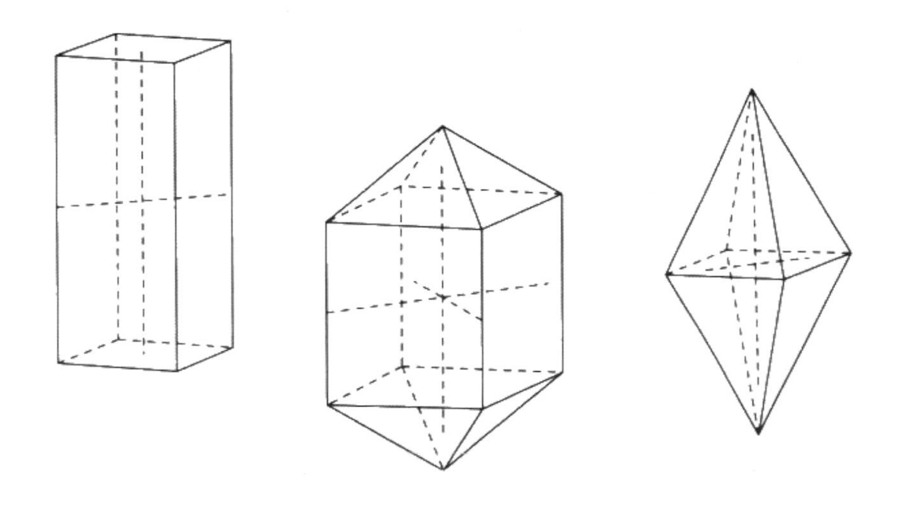

四方晶系常見的晶形

晶系	晶軸度	長度	軸角	對稱型
立方	3	3 軸相等	90°	9 對稱面　6 個二次軸 13 對稱軸　4 個三次軸 1 對稱中心　3 個四次軸
四方	3	2 軸相等 1 軸相等	90°	5 對稱面　4 個二次軸 5 對稱軸　1 個四次軸 1 對稱中心
六方	4	3 軸相等 1 軸不等	120° 與其他 3 個軸的平面呈 90°	7 對稱面　6 個二次軸 7 對稱軸　1 個六次軸 1 對稱中心
三方（有時作為六方的晶系的細分）	4	3 軸相等 1 軸不等	120° 與其他 3 個軸的平面呈 90°	3 對稱面　3 個二次軸 4 對稱軸　1 個三次軸 1 對稱中心
斜方	3	均不等	90°	3 對稱面　3 個二次軸 3 對稱軸 1 對稱中心
單斜	3	均不等	2 個軸傾斜 1 個軸與其他 2 個軸的平面呈 90°	1 對稱面　1 個二次軸 1 對稱軸 1 對稱中心
三斜	3	均不等	均傾斜	無對稱面 無對稱軸 1 對稱中心

3. 六方晶系

水平有三個晶軸等長，彼此成120° 交角，第四晶軸不等長但垂直水平的三個晶軸。

*理想單形：*數種由單形所組成的聚形。

*寶石：*磷灰石、六柱石、藍錐礦。

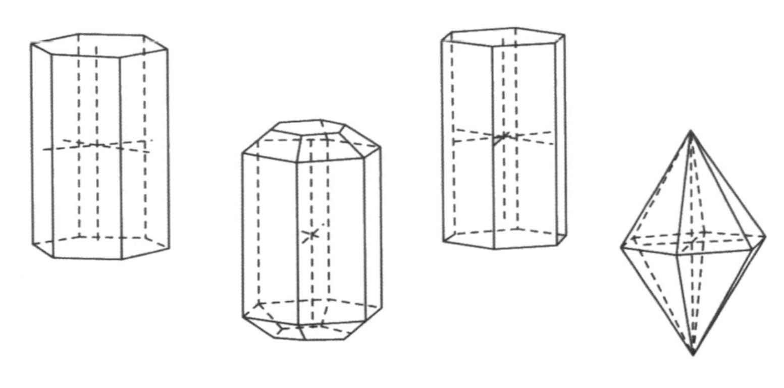

六方晶系常見的晶形

4. 三方晶系

此晶系在有些礦物學或寶石學中將之併入六方晶系，並分為兩個組，一是六方組，一是菱形組，主要是因為此晶系中具有三角形的菱形面，或三角形或菱形面而成為三方晶系，晶軸與夾角關係與六方晶系相同。

*理想單形：*數種由單形所組成的聚形。

*寶石：*方解石、剛玉、矽鈹石、石英、菱錳礦、電氣石。

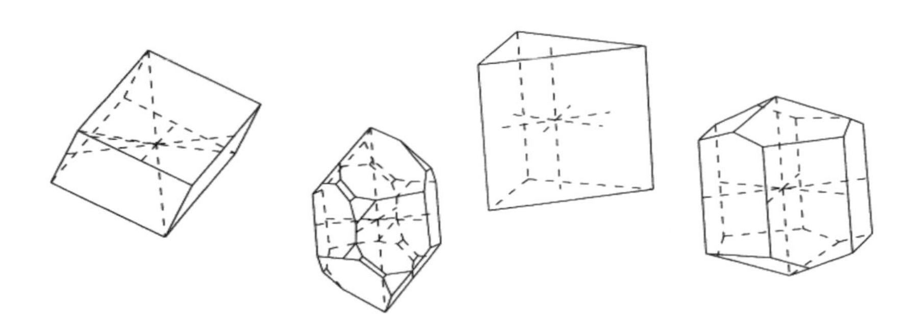

三方晶系常見的晶形

5. 斜方晶系

有三個晶軸，都不等長，卻互相垂直。

*理想單形：*數種由單形所組成的聚形。

*寶石：*紅柱石、金綠寶石、賽黃晶、橄欖石、硼鎂鋁石、黃玉、頑火輝石、堇青石、黝簾石。

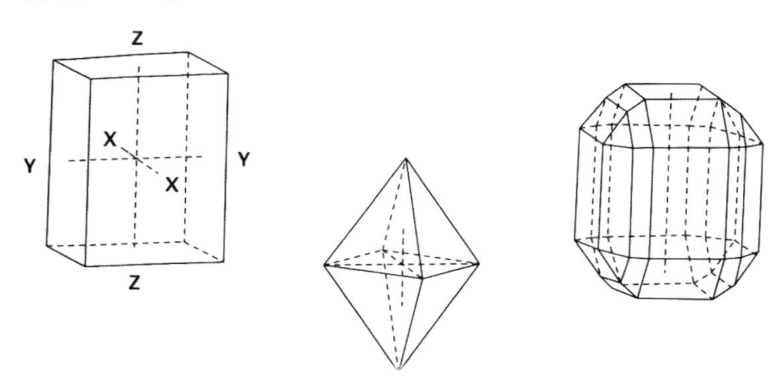

斜方晶系常見的晶形

6. 單斜晶系

有三個晶軸，都不等長，水平二軸不垂直，第三軸垂直水平兩軸。

*理想單形：*由柱面及平行雙面組成的聚形。

*寶石：*透輝石、正長石、鋰輝石。

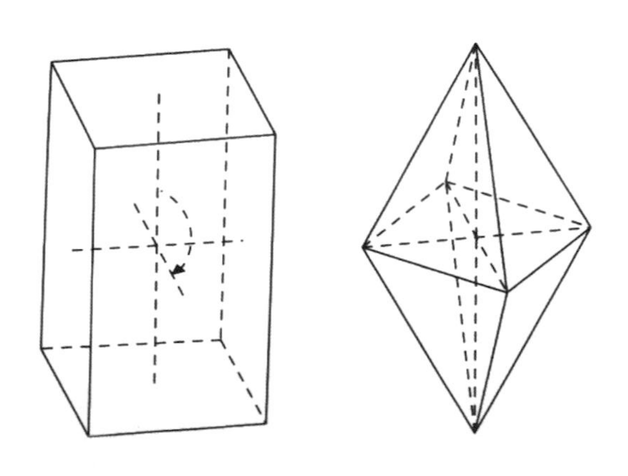

單斜晶系常見的晶形

7. 三斜晶系的晶體

有三個晶軸，都不等長且不互相垂直。

寶石： **斜長石、薔薇輝石、綠松石、斧石。**

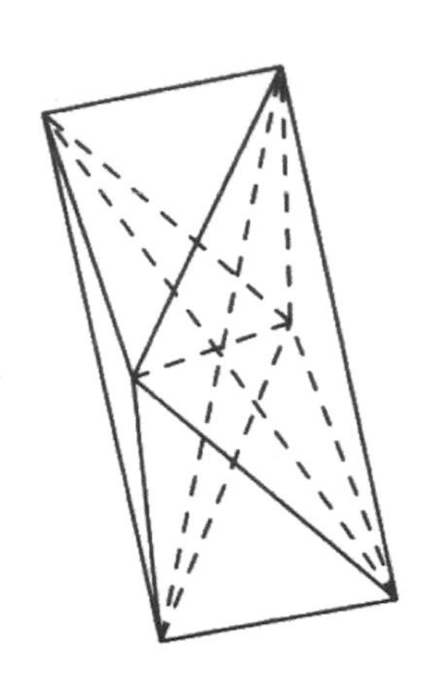

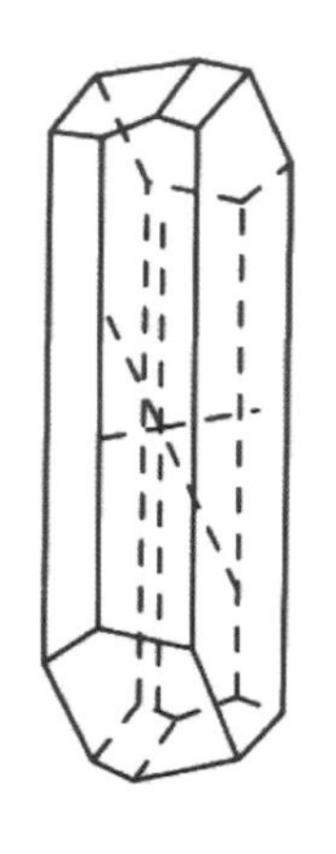

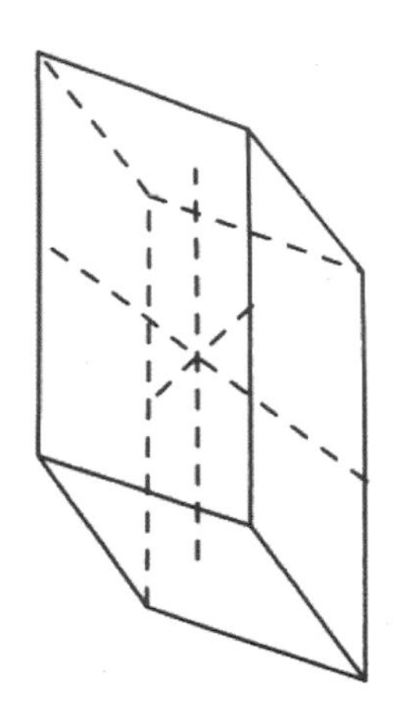

三斜晶系常見的晶形

立方晶系的黃鐵礦與三方晶系的水晶共生

鑽石Diamond

鑽石又叫做金剛石，希臘文Adamas，即為不能征服的意思。
世界知名的最大顆鑽石是克利蘭530.2克拉，其原石是在1905年南非的普里米亞礦場發現，重達3106克拉，並以礦場主人Thomas Cullinan命名的，成為世界最大鑽石。

鑽石的美麗性、耐久性、稀有性，以及4C等級決定了它的價值。

化學成分： C碳。
晶系： 立方晶系。
結晶習性： 八面體、三角三八面體、六八面體。
解理： 完全的八面體解理。

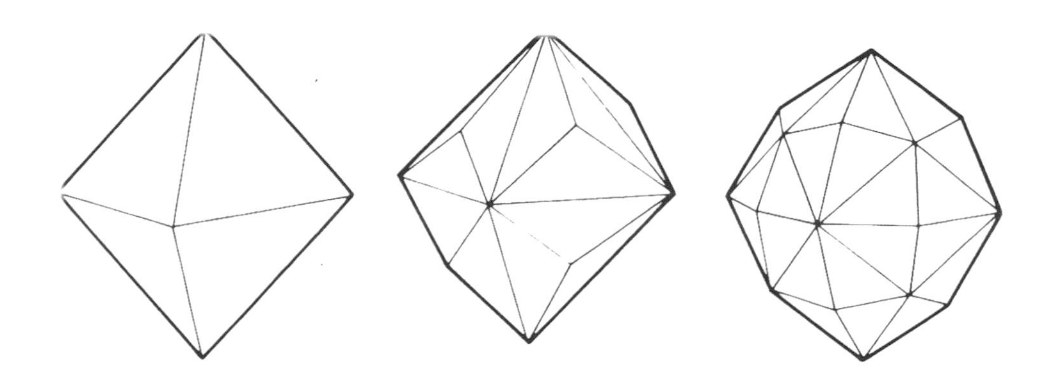

鑽石晶體常見習性：

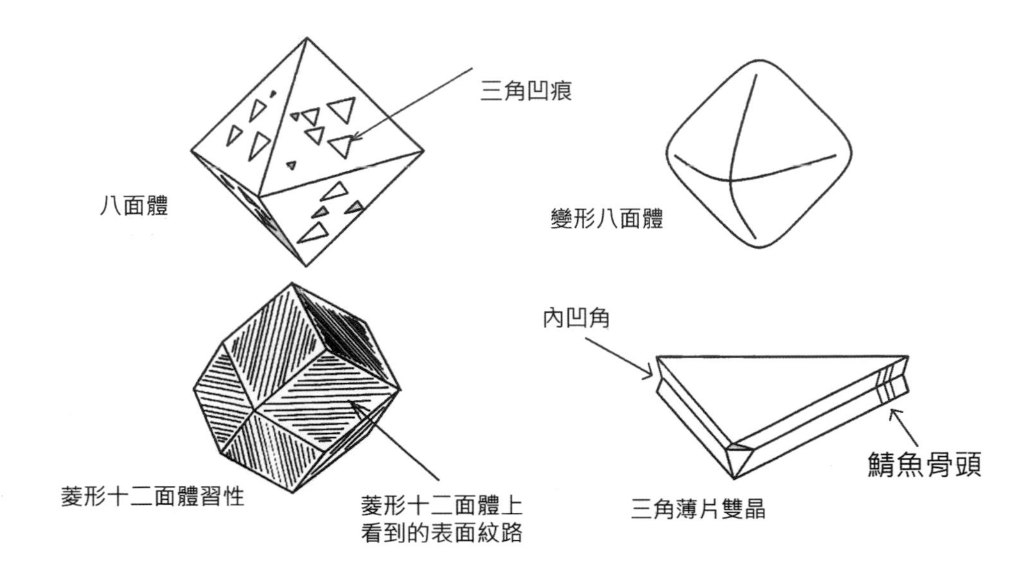

*硬度：*10。

*比重：*3.52。

*顏色和品種：*無色；淡黃、淡褐、淡綠色或灰色。

彩色鑽石(有明顯色彩的)包括黃色和褐色；較少有綠色、粉紅色、藍色和黑色；極少有紅色和紫色。

鑽石的吸收光譜：

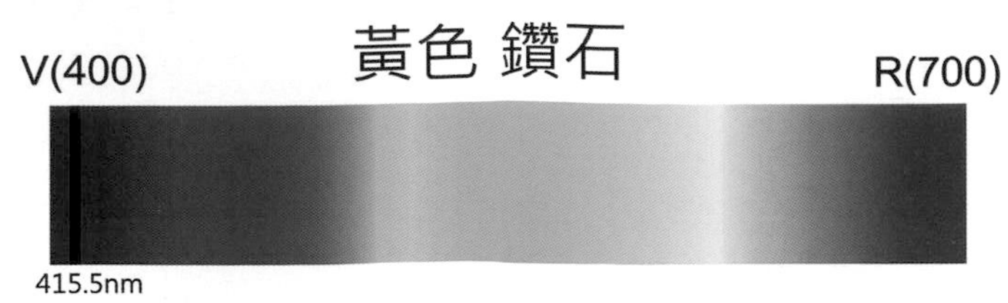

綠藍區有一條吸收線　紫區有一吸收線
可能還有幾條吸收線 478 , 465 , 435 , 423nm
（有些鑽石同時顯示415.5nm與504nm吸收線）

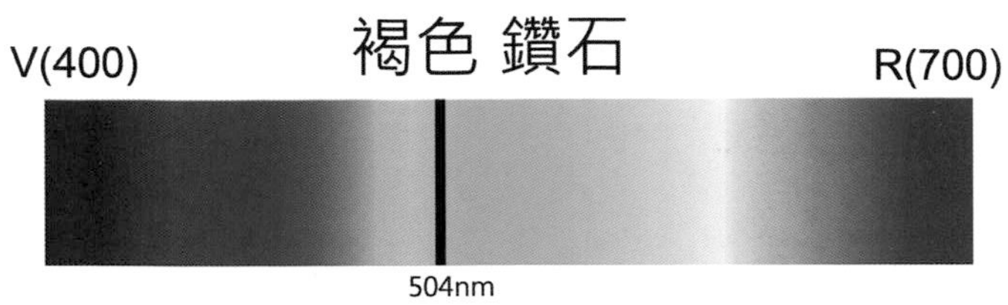

綠藍區有一條吸收線
可能還有幾條吸收線 537 , 512 , 495 , 494nm

*透明度：*透明到不透明。

*光澤：*金剛光澤。

*折射率：*2.42。

*色散：*高(0.044)鑽石顯示比其他任何天然無色寶石都還要高的色散。

產地：

印度和婆羅洲最早。

巴西，西元1725年前後。

南非的砂礦和金伯利岩筒，十九世紀後半葉。

西伯利亞的鑽石發現於二十世紀50年代。

澳大利亞，鉀鎂煌斑岩。

加拿大，二十世紀90年代後期開始開採。

鑽石的開採價值：

鑽石形成於地幔之中，熔融的岩漿向上穿越上層地幔岩石時，從經過的岩石壁中捕獲鑽石，存有鑽石的火山岩稱為；「金伯利岩」及「鉀鎂煌斑岩」。100噸(1億克拉)金伯利岩礦石應該含有25克拉(5克)左右的鑽石，而其中只有5克拉(1克)鑽石屬於寶石級的。

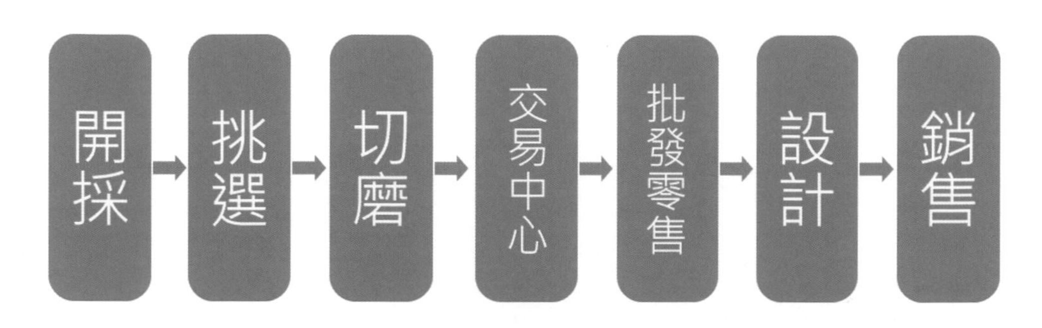

鑽石的一生

鑽石加工的四大階段：

一、設計。

二、鋸開或劈開。

三、打邊。

四、拋光。

GIA 鑽石鑑定書：

證書

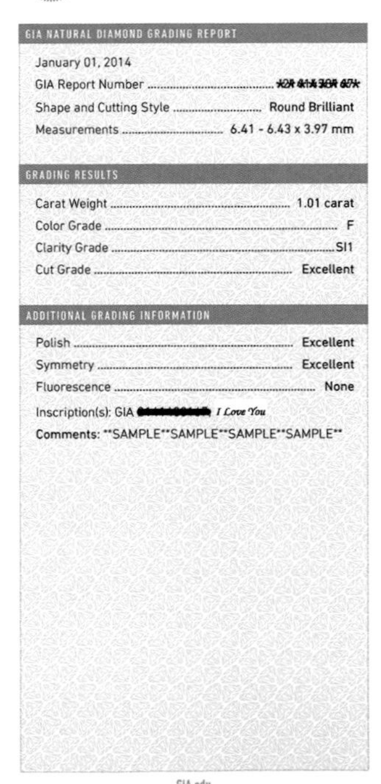

GIA NATURAL DIAMOND GRADING REPORT

January 01, 2014

GIA Report Number	[illegible]
Shape and Cutting Style	Round Brilliant
Measurements	6.41 - 6.43 x 3.97 mm

GRADING RESULTS

Carat Weight	1.01 carat
Color Grade	F
Clarity Grade	SI1
Cut Grade	Excellent

ADDITIONAL GRADING INFORMATION

Polish	Excellent
Symmetry	Excellent
Fluorescence	None

Inscription(s): GIA [illegible] *I Love You*

Comments: **SAMPLE**SAMPLE**SAMPLE**SAMPLE**

GIA.edu

GIA REPORT

****

Verify this report at GIA.edu

PROPORTIONS

55%
58%
medium
slightly thick (faceted) 3.5%
15.0%
35.5°
61.8%
43.5%
41.0°
80%
none

Profile to actual proportions

CLARITY CHARACTERISTICS

KEY TO SYMBOLS*

- Crystal
- Cloud
- Feather
- Natural

* Red symbols denote internal characteristics (inclusions). Green or black symbols denote external characteristics (blemishes). Diagram is an approximate representation of the diamond, and symbols shown indicate type, position, and approximate size of clarity characteristics. All clarity characteristics may not be shown. Details of finish are not shown.

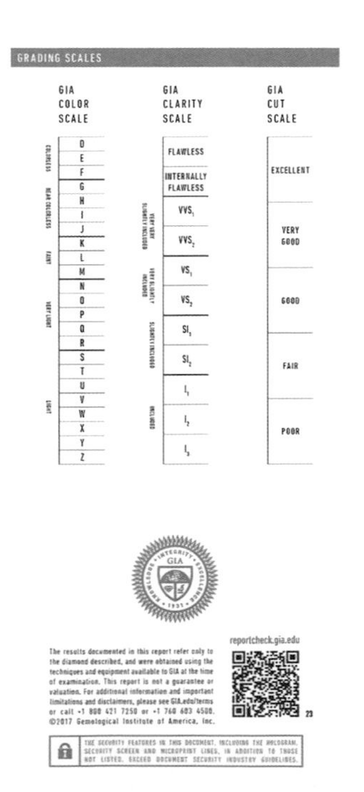

GRADING SCALES

GIA COLOR SCALE: D, E, F, G, H, I, J, K, L, M, N, O, P, Q, R, S, T, U, V, W, X, Y, Z

GIA CLARITY SCALE: FLAWLESS, INTERNALLY FLAWLESS, VVS_1, VVS_2, VS_1, VS_2, SI_1, SI_2, I_1, I_2, I_3

GIA CUT SCALE: EXCELLENT, VERY GOOD, GOOD, FAIR, POOR

reportcheck.gia.edu

The results documented in this report refer only to the diamond described, and were obtained using the techniques and equipment available to GIA at the time of examination. This report is not a guarantee or valuation. For additional information and important limitations and disclaimers, please see GIA.edu/terms or call +1 800 421 7250 or +1 760 603 4500. ©2017 Gemological Institute of America, Inc.

23

THE SECURITY FEATURES IN THIS DOCUMENT, INCLUDING THE HOLOGRAM, SECURITY SCREEN AND MICROPRINT LINES, IN ADDITION TO THOSE NOT LISTED, EXCEED DOCUMENT SECURITY INDUSTRY GUIDELINES.

證書

GIA REPORT

Verify this report at GIA.edu

GIA NATURAL DIAMOND GRADING REPORT

June 20, 2019

GIA Report Number	[redacted]
Shape and Cutting Style	Round Brilliant
Measurements	6.48 - 6.50 x 4.06 mm

GRADING RESULTS

Carat Weight	1.05 carat
Color Grade	G
Clarity Grade	VS2
Cut Grade	Excellent

ADDITIONAL GRADING INFORMATION

Polish	Excellent
Symmetry	Excellent
Fluorescence	None

Inscription(s): GIA [redacted]

Comments: Pinpoints are not shown.

PROPORTIONS

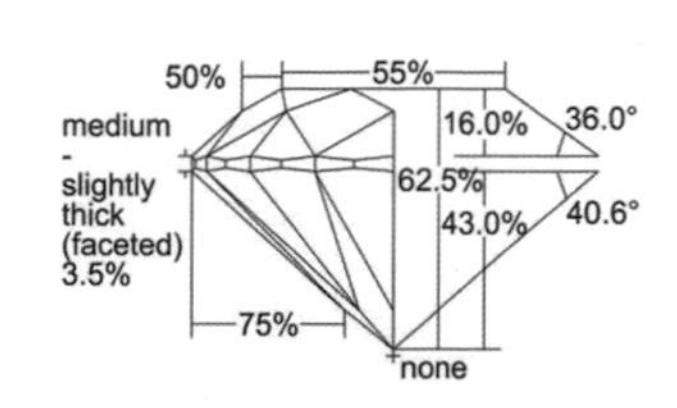

Profile to actual proportions

CLARITY CHARACTERISTICS

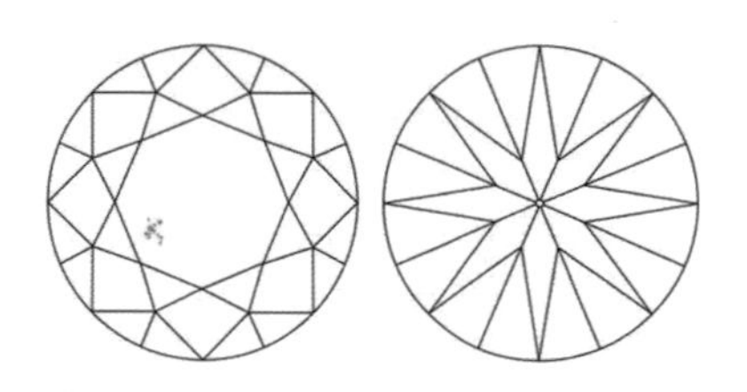

KEY TO SYMBOLS*

- Cloud
- Crystal
- Needle

鑽石顏色分級：

<table>
<tr><th>美國
寶石學院
GIA</th><th>美國
珠寶商會
AGS</th><th>香港
HK</th><th>英國
UK</th><th>法國
France</th><th>蘇聯
USSR</th><th>斯堪地
那維亞
SCAN.D.N</th><th>瑞士
Swiss</th><th>歐洲
國際珠寶
銀樓聯盟
CIBJO
(HRD)</th></tr>
<tr><td>D</td><td>0</td><td>100</td><td>Blue Whit</td><td rowspan="2">Blanc
Excepionel</td><td rowspan="2">Rarest
White</td><td rowspan="2">River
(R)</td><td>River</td><td>Exceptional
White+</td></tr>
<tr><td>E</td><td>1</td><td>99</td><td>Finest
White</td><td rowspan="2">Top
Wessel
Ton</td><td>Exceptional
White</td></tr>
<tr><td>F</td><td rowspan="2">2</td><td>98</td><td rowspan="2">Fine
White</td><td rowspan="2">Extra
Blanc</td><td rowspan="2">Finest
White</td><td rowspan="2">Top Wessel
Ton(TW)</td><td>Rare
White+</td></tr>
<tr><td>G</td><td>97</td><td>Wessel
Ton</td><td>Rare
White</td></tr>
<tr><td>H</td><td>3</td><td>96</td><td>White</td><td>Blanc</td><td>White</td><td>Wessel Ton
(W)</td><td>Top
Crystal</td><td>White</td></tr>
<tr><td>I</td><td>4</td><td>95</td><td>Comecrial
White</td><td>Blanc
Luance</td><td>Finest
Crystal</td><td>Top Crystal
(TCR)</td><td rowspan="3">Crystal</td><td rowspan="2">Slightly
Tinted
White</td></tr>
<tr><td>J</td><td rowspan="2">5</td><td>94</td><td>Top Silver
Cape</td><td rowspan="2">Legerment
Teinte</td><td rowspan="2">Comecrial
White</td><td rowspan="2">Crystal
(CR)</td></tr>
<tr><td>K</td><td>93</td><td>Silver
Cape</td><td rowspan="2">Tinted
White</td></tr>
<tr><td>L</td><td>6</td><td>92</td><td>Light
Cape</td><td rowspan="12">Teinte</td><td>Finest
Cape</td><td>Top Cape
(TCA)</td><td>Top
Cape</td></tr>
<tr><td>M</td><td rowspan="2">7</td><td>91</td><td rowspan="2">Cape</td><td rowspan="2">Cape</td><td rowspan="2">Cape
(CA)</td><td rowspan="11">Cape</td><td rowspan="11">Tinted
Colour</td></tr>
<tr><td>N</td><td>90
89</td></tr>
<tr><td>O</td><td rowspan="3">8</td><td>88</td><td rowspan="9">Dark
Cape</td><td rowspan="9">Comecrial
Cape</td><td rowspan="5">Light
Yellow
(LY)</td></tr>
<tr><td>P</td><td>87
86</td></tr>
<tr><td>Q</td><td rowspan="7">85</td></tr>
<tr><td>R</td><td rowspan="3">9</td></tr>
<tr><td>S</td></tr>
<tr><td>T</td><td rowspan="4">Yellow
(LY)</td></tr>
<tr><td>U</td><td rowspan="3">10</td></tr>
<tr><td>V</td></tr>
<tr><td>W～Z</td></tr>
</table>

世界名鑽：

最大鑽石原礦～非洲之星。

克利蘭1~9號。

百年鑽石(世紀之鑽)。

德勒斯登鑽～最大的綠鑽。

Tiffany 之星。

Hope 鑽石。

鑽石在科學上的類別：

含　氮：

Ia 氮原子成群，鑽石呈黃色或棕色，約佔98%。

Ib 氮原子平均分布，鑽石顏色較暗，呈黃色，橘色，或棕色，大多數合成鑽石。

不含氮：

IIa 含氮量極低，不及百萬分之一，通常呈無色，灰色或粉紅色，約佔天然鑽石的1～2% 拍賣會常介紹此類鑽石。

IIb 含硼，可導電，鑽石呈藍色。

常見的小問題

Q：鑽石有產地之分嗎？

A：其實鑽石在世界上很多國家都有發現，而且沒有辦法跟有色寶石一樣用包裹體來辨識產地，因此千萬不要相信南非產的鑽石比較好，印度產的比較差。其實這是指切割地的品質不同，真正挑選鑽石的等級還是以4C及國際鑑定書為基礎。每個地方產的鑽石都從D到Z等級都有，絕對沒有南非鑽比較白之說。

鑽石瑕疵分級：

<table>
<tr><th rowspan="2">美 國
寶石學院
GIA</th><th rowspan="2">美 國
珠寶商會
AGS</th><th colspan="2">斯堪地那維亞
鑽石標準
SCAN.D.N.</th><th colspan="2">歐洲國際珠寶
銀樓聯盟
CJBIO</th><th rowspan="2">鑽石高階
層會議
HRD</th><th rowspan="2">德 國
標 準
RAL</th><th rowspan="2">英 國
標 準
UK</th><th rowspan="2">香 港
標 準
HK</th></tr>
<tr><th>0.47ct
及以上</th><th>0.46c
及以下</th><th>0.47ct
及以上</th><th>0.46ct
及以下</th></tr>
<tr><td>FL</td><td>0</td><td>FL</td><td rowspan="2">Loupe Clean</td><td rowspan="2">Loupe Clean</td><td rowspan="2">Loupe Clean</td><td rowspan="2">Loupe Clean</td><td rowspan="2">IF</td><td rowspan="2">IF</td><td rowspan="2">全美</td></tr>
<tr><td>IF</td><td rowspan="2">1</td><td>IF</td></tr>
<tr><td>VVS1</td><td>VVS1</td><td rowspan="2">VVS</td><td>VVS1</td><td rowspan="2">VVS</td><td>VVS1</td><td rowspan="2">VVS</td><td rowspan="2">VVS</td><td>VVS1</td></tr>
<tr><td>VVS2</td><td>2</td><td>VVS2</td><td>VVS2</td><td>VVS2</td><td>VVS2</td></tr>
<tr><td>VS1</td><td>3</td><td>VS1</td><td rowspan="2">VS</td><td>VS1</td><td rowspan="2">VS</td><td>VS1</td><td rowspan="2">VS</td><td rowspan="2">VS</td><td rowspan="2">VS</td></tr>
<tr><td>VS2</td><td>4</td><td>VS2</td><td>VS2</td><td>VS2</td></tr>
<tr><td>SI1</td><td>5</td><td>SI1</td><td rowspan="2">SI</td><td rowspan="2">SI</td><td rowspan="2">SI</td><td>SI1</td><td rowspan="2">SI</td><td rowspan="2">SI</td><td>1 號花</td></tr>
<tr><td>SI2</td><td>6</td><td>SI2</td><td>SI2</td><td>2 號花</td></tr>
<tr><td rowspan="2">I1</td><td>7</td><td rowspan="2">P1</td><td rowspan="5">P</td><td rowspan="2">PI</td><td rowspan="2">PI</td><td rowspan="2">P1</td><td rowspan="2">P1</td><td>1st Piqu'e</td><td rowspan="2">3 號花</td></tr>
<tr><td rowspan="2">8</td><td>2st Piqu'e</td></tr>
<tr><td rowspan="2">I2</td><td rowspan="2">P2</td><td rowspan="2">PII</td><td rowspan="2">PII</td><td rowspan="2">P2</td><td rowspan="2">P2</td><td>3st Piqu'e</td><td rowspan="2">4 號花</td></tr>
<tr><td>9</td><td>Spotted</td></tr>
<tr><td>I3</td><td>10</td><td>P3</td><td>PIII</td><td>PIII</td><td>P3</td><td>P3</td><td>Heavy Spotted</td><td>5 號花</td></tr>
</table>

鑽石與鑽石代替品之比較：

寶　石	折射率	雙折射率	比　重	硬　度	色　散
鑽　石	2.42	--	3.52	10	0.044
蘇聯鑽（C.Z）	2.18	--	5.7	8.5	0.065
釓鎵榴石（G.G.G）	2.02	--	7.05	6.5	0.038
釔鋁榴石（Y.A.G）	1.83	--	4.57	8	0.028
鋯　石	1.93-1.99	0.059	4.69	7.5	0.039
鈦酸鍶(Strontium Titanate)	2.41	--	5.13	5.5	0.190
合成金紅石	2.61-2.90	0.287	4.25	6.5	0.330
鈮酸鋰（Lithium Niobate）	2.21-2.30	0.090	4.64	5.5	0.120
翠榴石（Demantoid）	1.89	--	3.85	6.5	0.057
合成尖晶石	1.728	--	3.63	8	0.020
白色藍寶石	1.76-1.78	0.008	3.99	9	0.018
黃色拓帕石	1.61-.162	0.010	3.56	8	0.014
水　晶	1.53-1.54	0.009	2.62	7	0.013
塑　膠	1.635	--	3.74	5	0.031

剛玉家族 Corundum

剛玉可以說是硬度最高，且顏色變化最多的有色寶石。

硬度：9。

化學成分：Al_2O_3氧化鋁。

晶系：三方晶系。

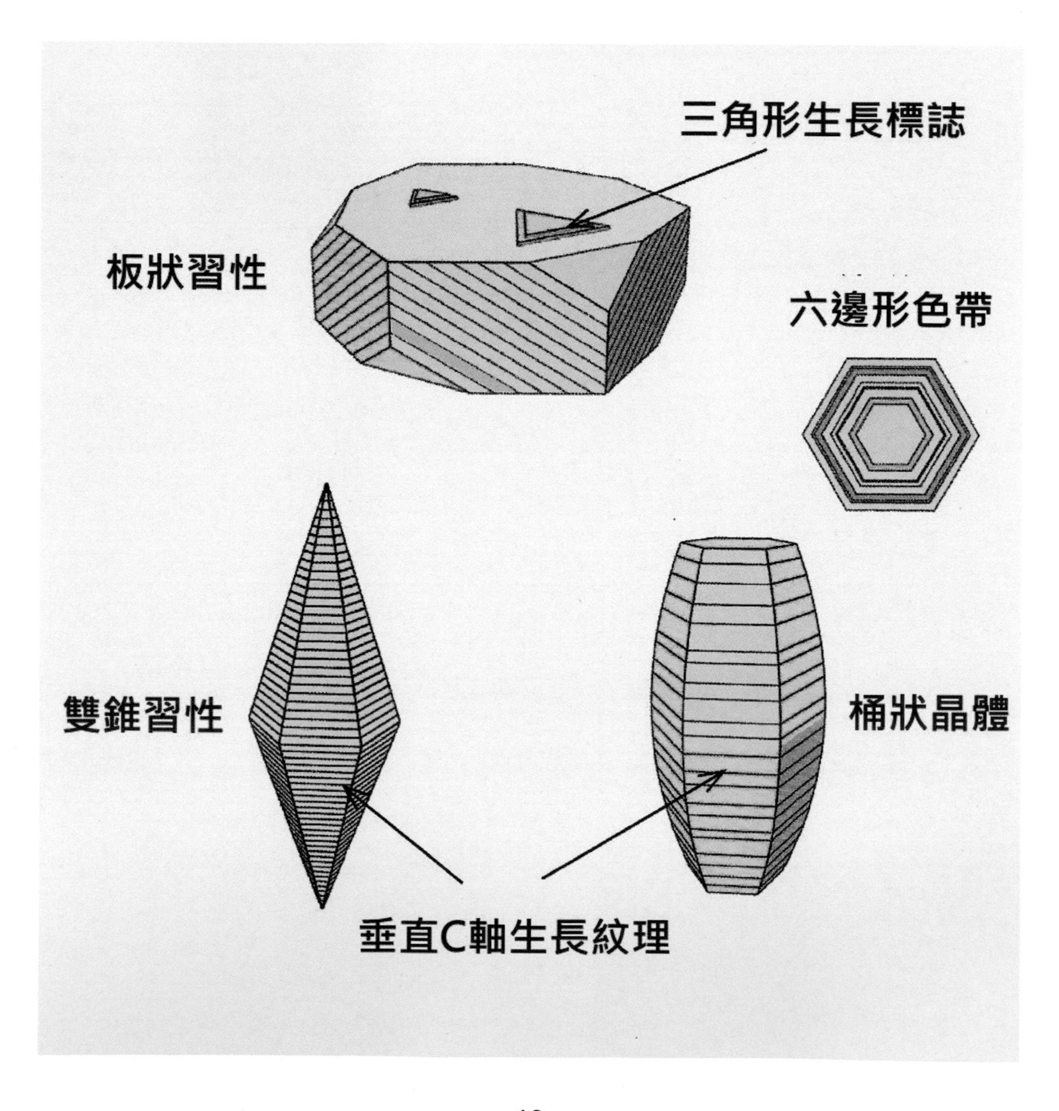

*解理：*平行於底面和菱面體面的極不完全解理。

*裂理：*是由於這些方向上平行於雙晶面的礦物結晶薄層之間的結合力差所致。

*比重：*3.80~4.05。

*顏色和品種：*紅色－紅寶石；藍色－藍寶石；黃色、綠色、粉紅色和其他顏色也稱為藍寶石，但要加顏色前綴，如：粉紅藍寶石。

*光澤：*明亮玻璃光澤。

*折射率：*1.76~1.78。

*雙折射率：*0.008~0.009。

*光性：*一軸晶。

*色散：*低。

*光學效應：*星光效應，6射星光(12射星光罕見)。

天然星光剛玉所含的金紅石針狀物與合成星光剛玉相比較通常較粗。叫「星光紅寶石」和「星光藍寶石」，但實際上呈現各種顏色並有淡灰到黑色調。

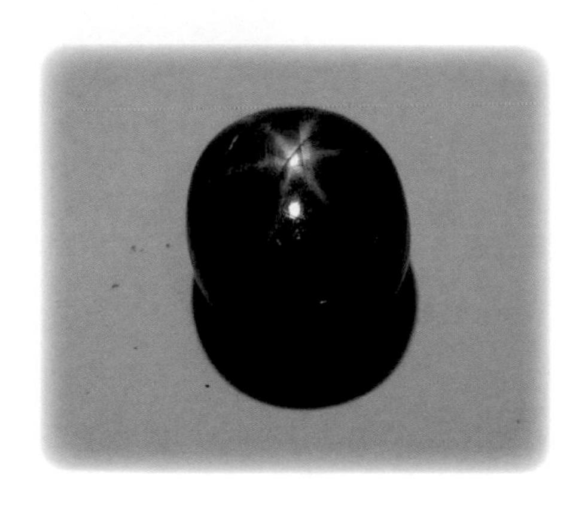

紅寶石
Ruby

一般來說，紅寶石的產量要比藍寶石少很多，而且晶體常常小於一克拉。它產地也不多，有緬甸、泰國、越南、非洲、印度、錫蘭等，最有名的是緬甸的莫谷(Mogok) 通常顏色較好，但是雜質較多，因此常常會用熱處理的方式來去除雜質。

錫蘭的紅寶石顏色較淡而且偏桃紅色。泰國的紅寶石通常較暗紫或帶紅棕色，主要是因為含有鐵元素較多。至於非洲和印度的紅寶石通常品質較差，很少見到好品質的。越南的紅寶石顏色跟緬甸接近且雜質少，但較不透明。

在古早有一個傳說，女人一定要有一顆紅寶石，台語的紅寶石唸法就是「紅寶」，也就表示她是「ㄤㄟˇ寶」。

*顏色：*亮紅、紅、紫紅、褐紅和深紅色(鉻Cr致色)。

*多色性：*中等到弱，紅和橙紅二色性。

*產地：*許多產地都有商業數量的生產。

最重要的產地在阿富汗、柬埔寨、緬甸、斯里蘭卡、坦桑利亞、泰國和越南。

緬甸鴿血紅寶石在國際公信力權威，如：GIA、GRS、GUBELIN則會註記Vivid Red、(GRS Type Pigeon's Blood)

*產出：*大多數產於變質礦床和沖積砂礦。

商業性生產主要是在沖積砂礦(寶石礫)。

寶石的包裹體：

包裹體	產地
針狀體，絲狀體	緬甸、斯里蘭卡
羽狀體（癒合裂縫）	泰國、斯里蘭卡
雙晶面	泰國
鋯石暈	斯里蘭卡
色帶和生長帶	斯里蘭卡
糖漿狀	緬甸

紅寶石鑑定：

光譜：紅區最少有一條暗線，黃綠區有寬帶，藍區最少有二條細線，紫區普遍吸收(鉻致色)。

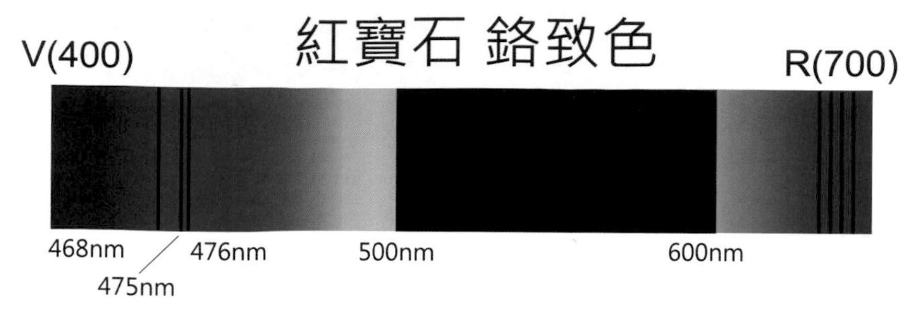

紅區有3或4條吸收線　橙至綠區吸收寬帶　藍區有2至3條吸收線

二色鏡：紅色 / 橙紅色，中等至弱。

偏光鏡：轉動寶石360度呈現四明四暗。

折射儀：RI=1.76~1.78，DR=0.008~0.009。

CCF：發出紅光(因為含鉻)。

紫外光：發出紅色螢光，如含鐵過多會抑制螢光。但若為鮮豔鴿血透亮紅光，則為緬甸鴿血紅寶石。

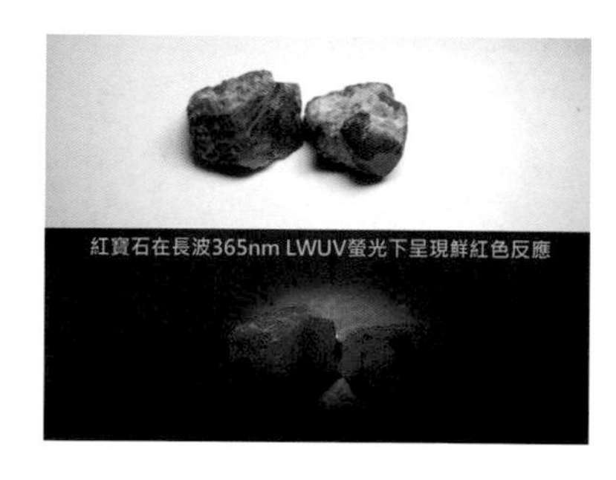

紅寶石在長波365nm LWUV螢光下呈現鮮紅色反應

常見小問題：

Q：緬甸的紅寶石真的比較好嗎？

A：其實緬甸的紅寶一般來說顏色較鮮艷但包裹體較多，並不表示所有的緬甸紅寶都比較好，泰國跟越南也有優質的紅寶石。緬甸紅寶石的市場價格高出其他產地紅寶石1/2以上，若由GIA或GRS等等國際性鑑定機構證明為產地是緬甸，而顏色品質為鴿血紅，則價格翻2至4倍，例如：(GRS Type Pigeon’s Blood)。

藍寶石
Sapphire

可能有些人還不知道，除了紅寶石之外的剛玉都叫藍寶石。藍寶石Sapphire 並不表示一定是藍色，他有很多顏色，因此我們會在藍寶石的前面加上顏色來形容它，例如：綠色藍寶石Green Sapphire，或粉紅藍寶石Pink Sapphire 或粉紅剛玉……等。

我們常常聽到人家說手錶是藍寶石的鏡面，其實就是指錶面是用合成無色藍寶石做的，因為剛玉硬度有9，可以減少被刮傷的程度。

*顏色：*除了紅色以外的所有顏色剛玉，例如：綠色藍寶石。
*多色性：*除黃色外，其他品種都有二色性，為同一體色，不同色調。
*產地：*澳洲、柬埔寨、緬甸、斯里蘭卡、泰國和美國。
*產出：*大部分來自砂礦礫石層。

藍色藍寶石的鑑定：

*吸收光譜：*藍區會有二～三條吸收線(維爾納葉法的綠色藍寶沒有吸收圖案)。

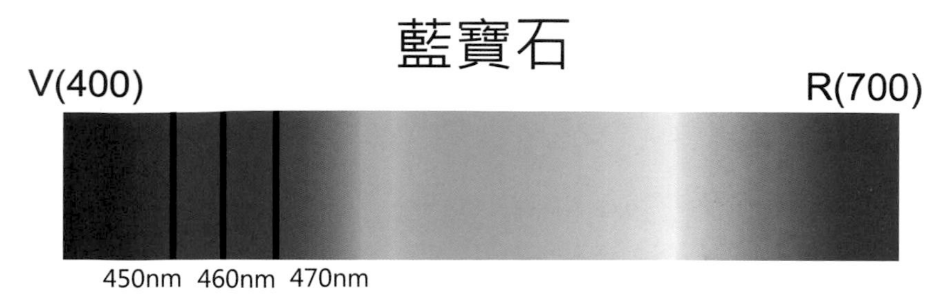

藍區有三條吸收線（經熱處理，450nm消失）
手持分光鏡只看到兩條吸收線而已 以450nm處 最為強烈

藍寶石的包裹體：

包裹體	產地
金紅石針狀體一絲狀體	緬甸、斯里蘭卡
羽狀體（癒合裂縫）	克什米爾、斯里蘭卡、柬埔寨、緬甸
鋯石暈	斯里蘭卡
色帶和生長帶	所有的

*二色鏡：*兩種不同色調的藍色，有時會出現藍色、綠色。

*偏光鏡：*轉動寶石360度呈現四明四暗。

*折射儀：*RI=1.76～1.78，DR=0.008～0.009。

*十倍放大：*通常色帶很明顯。

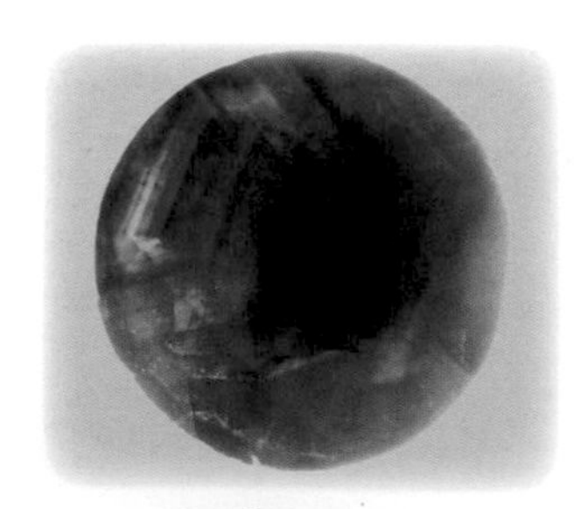

六邊形色帶

不同顏色的剛玉其致色元素：

體色 Colour	致色 Colouring 元素 Elements	品種 Variety
紅色 Red	鉻 Chromium	紅寶石 Ruby
紫色 purple	鉻 Chromium + 鈦 titanium + 鐵 iron	紫色剛玉 Fancy sapphire
藍色 blue	鈦 Titanium + 鐵 iron	藍色藍寶石 sapphire
黃色 yellow	鎳 Nickel，or nickel + 鉻 Chromium	黃色藍寶石 Fancy sapphire
紫色 purple	釩 Vanadium + 鉻 Chromium	變色藍寶石 Colour-change sapphire

特殊品種 蓮花剛玉 Padparadscha

是一種帶橙色的粉紅色剛玉，非常罕見。是剛玉家族中除了紅寶石之外，唯一擁有屬於自己名字的剛玉。大部分都產自斯里蘭卡。

彩色藍寶石的鑑定：

*二色鏡：*除了黃色品種外，都有強二色性，呈現不同色調。

*偏光鏡：*轉動寶石360度呈現四明四暗。

*折射儀：*RI=1.76~1.78，DR=0.008~0.009。

*光譜：*綠色和金色品種具有與藍色品種類似的光譜。

*紫外光：*產自斯里蘭卡的無色，黃色和金色藍寶石在LWUV下會發出杏色到橙色的螢光。

合成剛玉的鑑定方法：

一、*維爾納葉法*：大多數的合成剛玉都是用此方法，省時又省錢。

常可見：

彎曲弧線。

拉長的氣泡。

未熔的白色粉末。

SWUV下呈現淡藍或淡綠色螢光。

彎曲弧線

二、*助熔劑法*：目前Chatham公司有生產，但很少用在合成剛玉上。

呈現斑塊狀的顏色分布。

有三角形或六邊形的白金亮片。

有時見聚片雙晶。

殘留的助熔劑小滴呈羽狀體。

三、*水熱法*：通常要用ED–XRF鑑定較為準確而快速。

常見的處理方法：

1. 最常用熱處理，主要是將黑色包裹體去除，但同時間也會把天然的針狀包裹體去除。有時晶體包裹體膨脹速度快，會產生應力裂紋。
2. 擴散處理 Diffusion Treatment：將白色的藍寶石塗上氧化鐵和氧化鈦的粉末，放入密閉容器中加熱到1900° C，將鐵和鈦溶入寶石中產生顏色，但由於顏色僅存在表面，經拋光後即會去除，此法並不持久。
3. 深度擴散 Bulk Diffusion：當初泰國人在熱處理紅藍寶石時，不小心把金綠寶石混入其中，鈹將剛玉改色成各種顏色，後來就用此法做深度擴散，又叫鈹擴散，不易鑑定。

4. 剛玉二層石：通常上層是天然紅寶石，下層是合成紅寶石或是上層用天然綠色藍寶石，下層是用合成紅寶石或紅色玻璃，從腰部可看到接合面，並有壓扁的氣泡。

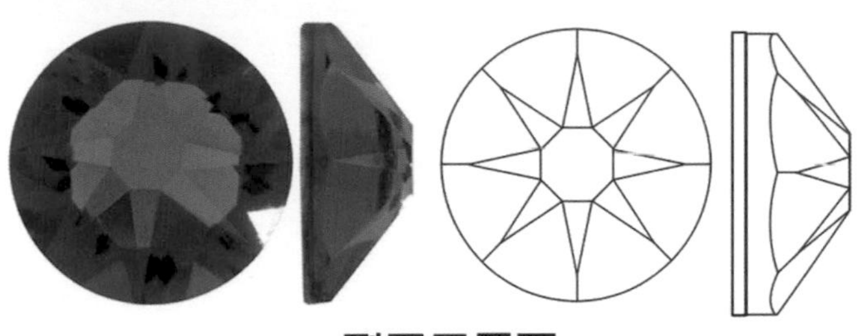

剛玉二層石

5. 玻璃充填：為了隱藏裂紋，會在裂縫當中充填玻璃，通常玻璃充填的部分會有氣泡，而且寶石和玻璃接合處可見明顯不同光澤。

6. 天然紅寶石常有裂紋，常用紅色的油充填來隱藏，這是最容易的處理方法。

常見小問題：

Q：為什麼剛玉中除了紅寶石都叫藍寶石？

A：其實藍寶石Sapphire是剛玉Corundum家族中的藍顏色分類，除了紅寶石Ruby跟藍寶石Sapphire之外，其他的彩色藍寶石都在前面冠上一個顏色來形容它。

例如：黃色藍寶石Yellow Sapphire或粉紅色藍寶石Pink Sapphire。

石榴石家族 Garnet

在古羅馬時代就被當作裝飾品，甚至還有止血及治療的效果。

名稱來自拉丁文Granatum石榴子而得名。

石榴石常因為十四種化學成分的組合成分多少而成為不同的類質同像寶石，分成兩個系列，在同一系列中，其金屬元素離子互相置換而形成不同寶石。

*晶系：*立方晶系的矽酸鹽寶石。

石榴石的晶體習性：

菱形十二面體

四角三八面體

兩者的聚形

*解理：*無。貝殼狀到不均勻狀斷口，內部應力可導致沿著平行面的破裂。

*硬度：*6½ ~ 7½。

*折射率：*單折射1.70~1.89

*偏光鏡：*常見異常消光ADR，特別是鎂鋁－鐵鋁榴石系列。

*產出：*石榴石晶體產出於變質岩和火成岩中，磨圓的礫石產出於砂礦中。

兩個類質同象系列：

相同的化學式：$X_3Y_2(SiO_4)_3$。

	Y	Y	Y
X=Ca 鈣	Cr	Al	Fe

	X	X	X
Y=Al 鋁	Mg	Fe	Mn

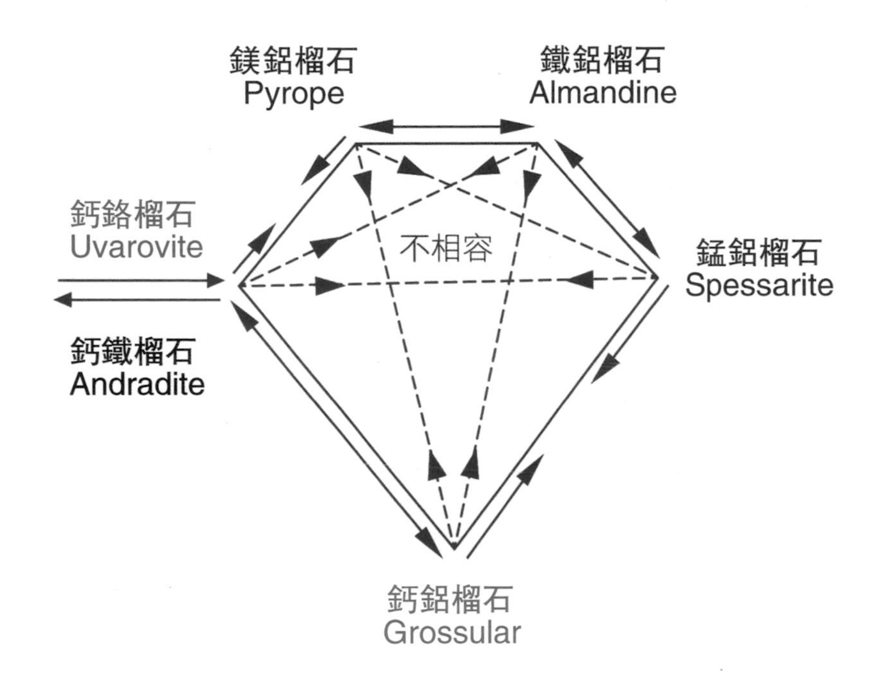

鎂鋁榴石
Pyrope Garnet

化學成分：$Mg_3Al_2(SiO_4)_3$鎂鋁矽酸鹽。

*硬度：*7 ¼。

*比重：*3.7~3.8。

*顏色：*通常為較暗的紅色或略帶棕的紅色，其紅色是由少量鐵和(或)鉻所導致。

*光澤：*玻璃光澤到亮玻璃光澤。

*透明度：*透明到半透明。

*折射率：*單折射，1.72~1.76。

*色散：*中等。

*包裹體：*針狀包裹體。鎂鋁榴石通常含較少的包裹體。

鎂鋁榴石

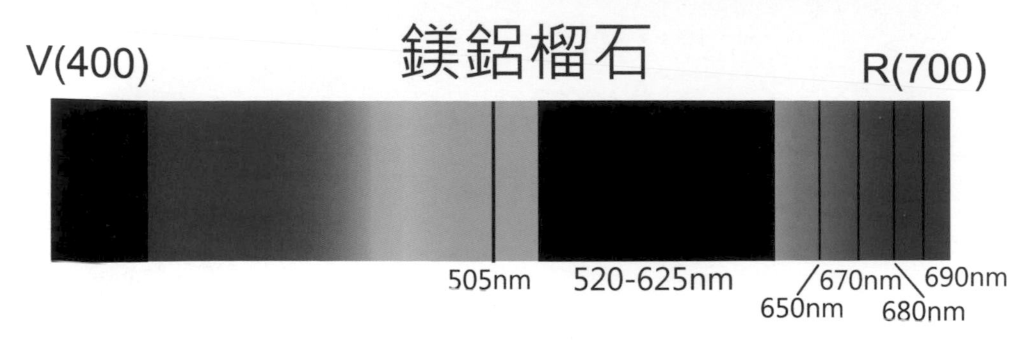

紅區有4條吸收線　　橙區有吸收寬帶

黃綠區有吸收寬帶　　紫 區 普 遍 吸 收

吸收光譜： 在許多鎂鋁榴石中，可見到鐵鋁榴石的鐵光譜。

產地： 南非(產於金伯利岩中)、斯里蘭卡、俄羅斯和美國、波西米亞。

其英文名Pyrope是由希臘文Pyropos而來，意思是像火一般Firelike，在珠寶市場上，也有人稱鎂鋁榴石為亞利桑那紅寶石Arizona Ruby，但並不是指眞正的紅寶石。

鐵鋁榴石
Almandine

化學成分： $Fe_3Al_2(SiO_4)_3$ 鐵鋁矽酸鹽。

硬度： 7 ½。

比重： 3.8~4.2。

顏色： 褐紅到紫紅，淡到深紫，較偏向暗紅(含有鐵)。

光澤： 明亮玻璃光澤。

透明度： 透明到半透明。

折射率： 1.76~1.81。

包裹體： 金紅石針狀晶體是特徵包裹體，它們通常平行菱形十二面體晶形排列。

晶體包裹體：應力裂縫(鋯石暈)。

光學效應： 顯示6射或4射星光的寶石。

產地： 世界各地的變質岩中。有商業意義的重要產地在巴西、印度、馬達加斯加、斯里蘭卡、坦桑尼亞、美國和尚比亞。

加工： 刻面寶石、弧面寶石和珠子。由於硬度跟韌度都好，加上價格便宜又容易取得，在珠寶飾品中非常普遍採用，又被稱作是『貴榴石』

*鐵鋁榴石光譜(鐵光譜)：*黃色被吸收，綠區中部和藍綠區有較細的吸收帶。

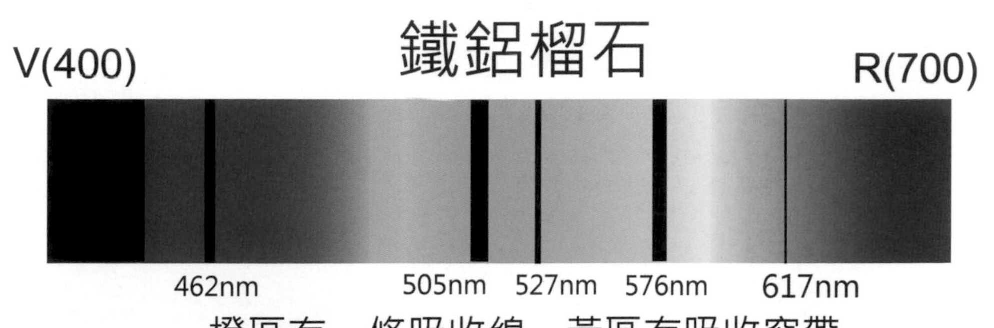

錳鋁榴石
Spessartite Garnet

因為發現在德國的Spessart而得名，顏色有黃橙、紅到褐紅色。
有一品種荷蘭石就是錳鋁榴石跟鈣鐵榴石部分置換而來。

化學成分： $Mn_3Al_2(SiO_4)_3$ 錳鋁矽酸鹽。
*硬度：*7 ¼。
*比重：*4.1~4.2。
*光澤：*明亮玻璃光澤。
*透明度：*透明到半透明。
*折射率：*1.79~1.82。
*包裹體：*液滴組成的波狀羽狀體，「扯碎狀」外觀。

吸收光譜：
錳鋁榴石光譜是由錳所致，但錳鋁榴石中的錳吸收帶總是伴有強的鐵鋁榴石譜，最終的吸收樣式是複雜的，有可能搞混。

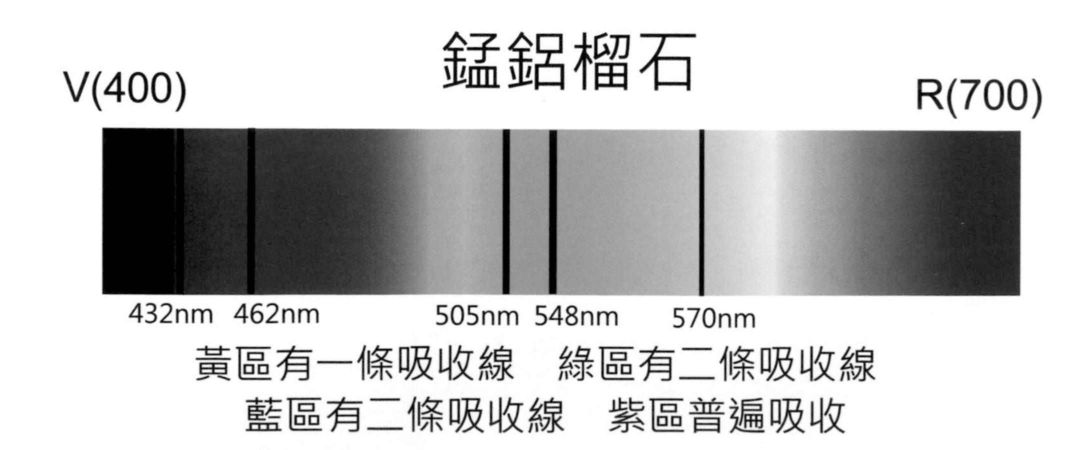

產地：南非(產於金伯利岩中)、斯里蘭卡、俄羅斯和美國、波西米亞。
加工：錳鋁榴石多加工成刻面型式，十九世紀時多加工成玫瑰琢型。

二十世紀首飾中所用的材料多數來自波西米亞(現今捷克共和國的一部分)，稱為波西米亞榴石。

在市場上又被稱為荷蘭石Hollandite，或是曼陀鈴石Mandarin Garnet (中國榴石)。因為錳元素取代了鐵元素讓寶石的體色帶有橙色，在十倍放大觀察下還會發現不規則的液體狀內含物或二相包裹體。

鈣鋁榴石
Grossularite

化學成分：$Ca_3Al_2(SiO_4)_3$ 鈣鋁矽酸鹽。

*硬度：*7 ¼。

*比重：*3.8~4.2。

*顏色：*淡黃、褐、綠和橙色。

品種：

鐵鈣鋁榴石Hessonite(桂榴石)

鉻釩鈣鋁榴石Tsavor(沙弗石)

水鈣鋁榴石Hydrogrossular(非洲玉)

*光澤：*明亮玻璃光澤到玻璃光澤。

*透明度：*透明到半透明。

*折射率：*1.73~1.75。

*色散：*中等，被體色掩蓋。

	沙弗石	桂榴石	水鈣鋁榴石
種類	綠色鈣鋁榴石	鐵鈣鋁榴石	綠色鈣鋁榴石（透明度較差）
顏色	明亮藍綠至黃綠	褐黃至褐紅	綠（含 Cr）、粉紅、灰白
包裹體	針狀至纖維狀晶體	大量的圓形晶體和獨特油脂或糖漿狀包裹體產生粒狀外觀，晶體可能是磷灰石或鋯石	細粒和無固定形的黑色不透明磁鐵礦
查爾斯濾鏡	粉紅色、紅色		粉紅色
吸收光譜	紅區橙紅吸收帶	顯出鐵鋁、錳鋁光譜	藍區 461nm 見一條強吸收帶，橙區 630nm 有一條吸收帶
X 射線			橙色
產地	肯尼亞、坦桑尼亞、巴基斯坦	斯里蘭卡、巴西、加拿大	南非、美猶他州

不同鈣鋁榴石物理性質差異

鐵鈣鋁榴石
Hessonite

*顏色：*褐黃到褐紅和橙色，有時叫「桂榴石」。
*包裹體：*粒狀外觀是由大量圓形晶體和獨特的「油狀」或「漩渦狀」內部效應所導致。晶體可以是磷灰石、方解石或鑽石。

*成因、產出和產地：*變質灰岩。大多數寶石級材料來自斯里蘭卡的寶石礦，但也有些來自巴西、加拿大、巴基斯坦和坦桑尼亞。
*光學效應：*ADR。

綠色鈣鋁榴石(鉻釩鈣鋁榴石)沙弗來石 Tsavorite

*顏色：*亮藍綠到黃綠色。不等數量的鉻和釩可能是致色原因。

有些在查爾斯濾色鏡下顯示粉紅色或紅色。

*包裹體：*針狀到纖維狀包裹體、羽狀體。

*產出和產地：*產於肯亞、馬達加斯加、巴基斯坦和坦桑尼亞的變質岩中。西元1967年間美國地質學家在肯亞和坦桑尼亞邊界地區的沙弗Tsavo國家公園發現這種結核狀外觀的綠色寶石。因而把產於世界各地的綠色鈣鋁榴石命名為Tsavorite。由於其致色元素是微量的釩和鉻，所以又被稱為「釩鉻鈣鋁榴石」。

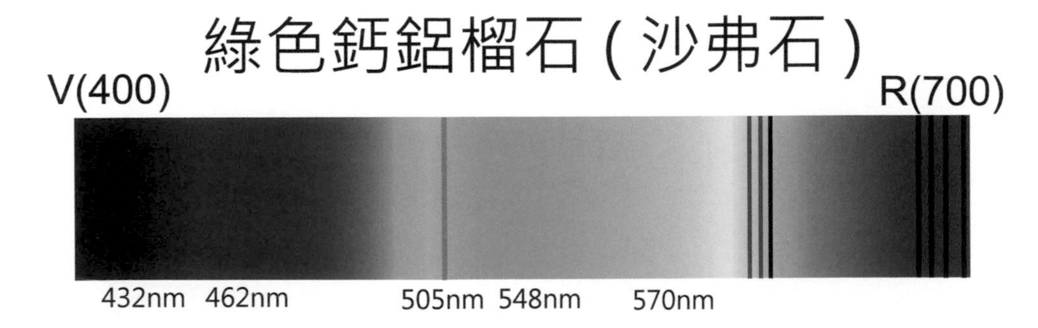

紅區有數條吸收線 橙區有一條吸收帶 藍綠區弱吸收線

水鈣鋁榴石
Hydrogrosular

*顏色：*從綠色、藍綠、黃、紅、白、灰都有。

*透明度：*多為半透明到不透明。

*包裹體：*常見黑色的鉻鐵礦內含物，在查爾斯濾色鏡下會呈現紅到粉紅色。

*產地：*主要在非洲(因此常有非洲玉的俗稱)。常作為翡翠的仿冒品。

鈣鐵榴石
Andradite

化學成分：$Ca_3Fe_2(SiO_4)_3$鈣鐵矽酸鹽。

*顏色和品種：*綠色(翠榴石)是石榴石中最有價值的，另外還有黑色(黑榴石)和黃色(黃榴石)，黑色幾乎不透明的品種稱為黑榴石(鐵鈣鐵榴石)，曾用於喪禮首飾和內嵌材料。

*硬度：*6½。

*光澤：*明亮玻璃光澤到亞金剛光澤。

*透明度：*透明到半透明。

*比重：*3.82~3.85。

*折射率：*1.89左右。

*色散：*其中綠色品種高於鑽石。透明鈣鐵榴石的光彩儘管部份被體色所掩蓋，但依然使外觀顯得靈活。

翠榴石
Demantoid

*顏色：*從褐綠色到優質的祖母綠顏色都有。綠色寶石通常是由鉻致色的。翠榴石在查爾斯濾色鏡下可呈淺紅色。

包裹體：「馬尾狀」包裹體(俄羅斯)。納米比亞產的翠榴石中有小的圓形應力裂縫，但沒有纖維狀包裹體。

*加工：*通常切磨成刻面型。

*產出和產地：*俄羅斯的烏拉爾山，主要以磨圓的礫石和圓化的晶體出現在砂礦中；另一產地為納米比亞。

綠色鈣鐵榴石(翠榴石)吸收光譜(鉻致色)443。

鎂鐵榴石
Rhodolite Garnet

這是鎂鋁榴石和鐵鋁榴石的混合體，也有人稱玫瑰榴石，由希臘文Rose-like而來，其顏色像北加州的Rhododendron植物所開出來的花卉顏色，因此而得名。

通常具有鎂鋁榴石的折射率跟鐵鋁榴石的光譜。

鈣鉻榴石
Uvarovite

綠色品種，由鉻至色，晶簇狀難切磨，顆粒都不超過2mm，主要產在蘇聯的烏拉山。

化學成分：$Ca_3Cr_2(SiO_4)_3$。

*硬度：*7.5。

*比重：*3.77。

*折射率：*1.87。

常見小問題：

Q：大家都說石榴石中的翠榴石最貴，那跟祖母綠比誰比較好？

A：其實不能這樣比，祖母綠是貴重寶石天王，可是因為淨度不好常常需要做些處理，翠榴石雖然是單折射寶石，但有高折射率跟色散，展現出美麗的光彩，因此雖然是石榴石品種，但其價值並不一定輸給祖母綠。

石榴石的其他品種

玫瑰榴石或葡萄榴石：紅榴石(紫紅色：Fe+Mg)。

馬拉亞石(Malaia)：錳鋁和鎂鋁混合。

馬里榴石(Mali)：鈣鋁榴石中存在不同比例的鈣鐵榴石，帶有色斑，油綠到棕色，R1=1.81。

變色石榴石(Colour – Change Garnet)：鎂鋁跟錳鋁榴石的混合物，透明至半透明，日光下成藍色調的綠色，白熾燈光下成紫色調的紅色，RI=1.765。

黑鈣鐵榴石(Melanite)：通常為晶體不切磨，深紅或黑色。

黃鈣鐵榴石(Topazolite)：晶體較小，很少切磨，淡至深黃色。

彩虹石榴石(Rainbow garnet)：由生長薄片導致的暈彩表面效應。

馬拉亞石

長石家族 Feldspar

長石的解理發達，其英文中的Spar就是裂開的意思。

*化學成分：*有點複雜，屬於類質同像可以互相置換。鉀鈉鋁矽酸鹽(正長石到鈉長石)。及鈉鈣鋁矽酸鹽(鈉長石到鈣長石)。

*晶系和結晶習性：*正長石–單斜晶系、微斜長石–三斜晶系、斜長石–單斜到三斜晶系、柱狀晶體和晶體碎塊，常見雙晶。

*品種：*鉀長石: 月光石和正長石、微斜長石: 天河石、斜長石: 日光石和拉長石。

*解理：*很好，兩個方向。可看到細的平行的裂縫。

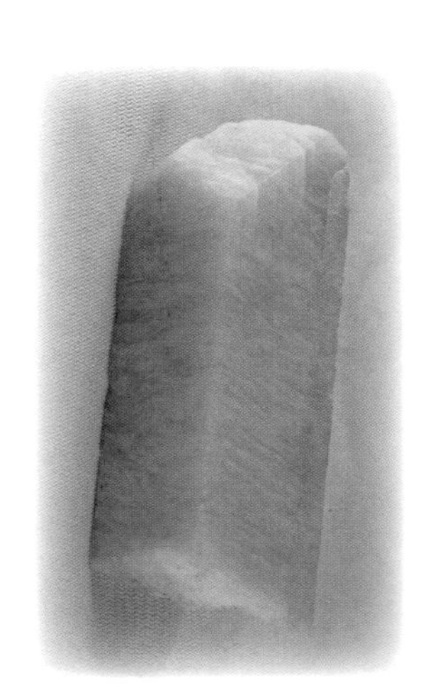

*硬度：*6。

*比重：*2.56~2.75。

*折射率：*1.52~1.57。

*雙折射率：*0.004~0.009。

*光性：*二軸晶。

*色散：*低。

*光澤：*玻璃光澤。

*透明度：*透明到不透明。

*加工：*弧面寶石和珠子，偶爾加工成浮雕。

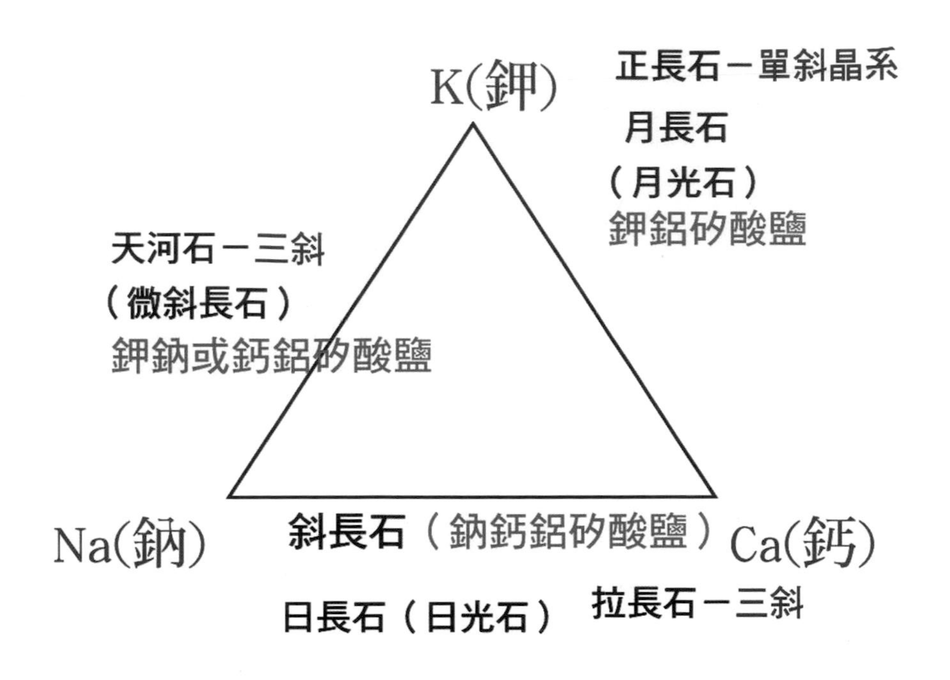

長石族的寶石品種

類質同像的兩個族：

鹼性長石〔鈉(Na) 鉀(K) 長石〕在鈉長石$NaAlSi_3O_8$(鈉–長石)和正長石$KAlSi_3O_8$(鉀–長石)兩個端員之間形成類質同像。

斜長石〔鈉(Na) 鈣(Ca) 長石〕在鈉長石$NaAlSi_3O_8$和鈣長石$CaAl_2Si_2O_8$兩個端員之間形成類質同像。

日光石(奧長石)
Sunstone

*晶系：*三斜晶系。

*化學成分：*鈉鈣鋁矽酸鹽。

*硬度：*6~6.5。

*比重：*2.62~2.65。

*折射率：*約1.54~1.55。

*雙折射率：*0.004~0.009。

*光性：*二軸晶正光性。

*顏色：*常如陽光般溫暖的體色，有黃、橙、紅、褐色。

*光學效應：*由於含有大量的針鐵礦，赤鐵礦和銅等內含物，而產生耀眼的灑金現象。

*包裹體：*大量小的六邊形針鐵礦或赤鐵礦片，有時是透明的，常平行於一個介面。

*產地：*加拿大、印度、挪威、俄羅斯和美國。

據說在印度日光石常常可以給人正面的能量，並且用於古代祭典儀式上。

奧勒岡日長石Sunstone：帶有小的三角形銅片包裹體的黃到淺紅色或綠色的長石，見於美國俄勒岡州。

拉長石
Labradorite

拉長石是原為Labradorite音譯的，由於內部有細密的聚片層狀結構共生，當光線透過時會使光波產生干擾作用，成為光譜色，又稱為鈉石光彩Labradorescence。商業上稱彩虹月光石Rainbow Moonstone 或光譜石Spectrolite。

*晶系：*三斜晶系。

*顏色：*暗藍色到灰色的半透明到不透明材料。也見有透明的淺黃、淺褐或淡灰到無色的材料(聚片互層)。

*光學效應：*當從特定角度看時能看到跨過表面的暈彩。「彩虹月光石」有(紅、黃色)。

*產地：*加拿大、芬蘭、馬達加斯加、墨西哥、俄羅斯和美國。

月光石
Moonstone

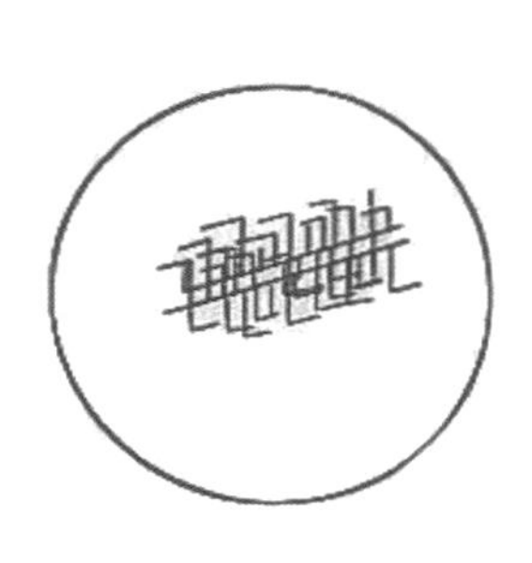

月光石屬於長石家族中的正長石，故又稱為月長石 Moonstone Orthoclase，是由鉀長石和鈉長石互相混合成的聚片互層。

月光石本身雙晶面結構互相堆疊，光線在堆疊的聚片中反射形成藍白光暈的現象，稱之為「青白光彩 Adularescence」。有時有光學效應，帶藍色調的反射是最珍貴的。大多數月光石顯示更多「銀色」的反射。某些月光石顯示貓眼效應。其外觀又與白色翡翠相似，常會混淆。

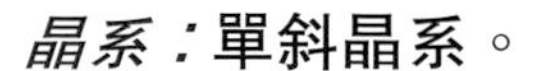

*晶系：*單斜晶系。

*硬度：*6。

*比重約：*2.56。

*折射率：*1.52~1.53，雙折射率：0.006。

*光性：*二軸晶負光性。

*包裹體：*交叉的應力裂縫形成特徵的外觀像「蜈蚣」的樣式。

*產地：*印度、緬甸、馬達加斯加、斯里蘭卡、坦桑尼亞和美國。

天河石
Amazonite

天河石是鉀微斜長石Microcline Feldspar的藍綠色品種，又稱為亞馬遜石，但亞馬遜河並不出產天河石。西方人認為配戴天河石可以讓人免於焦慮及恐懼，東方人則認為天河石可以增強考試及情場的信心。

*晶系：*三斜晶系。

*顏色：*由於含有少量的鉛和水分而形成綠到藍綠色，常帶白色條紋，半透明到近不透明，也有時成為硬玉的仿冒品。

*解理：*近90度解理，有光彩現象。

*化學成分：*鉀鋁矽酸鹽$K(AlSi_3O_8)$。

*晶系：*三斜晶系。

*硬度：*6~6.5。

*比重：*2.56~2.62。

*折射率：*1.518~1.530

*雙折射率：*0.008。

*光性：*二軸晶負光性。

*主要產地：*美國科羅拉多州。

天河石與白水晶手串

黃色正長石
Orthoclase

僅有黃色，顏色通常很淡，透明度好可當寶石材料。

*化學成分：*鉀鋁矽酸鹽$K(AlSi_3O_3)$。

*硬度：*6。

*比重：*2.65。

*折射率：*1.518~1.527，雙折射率0.006。

*光性：*二軸晶負光性。

*產地：*馬達加斯加、斯里蘭卡、緬甸。

Q：什麼是水沫子？

A：其實水沫子是長石家族中的鈉長石，因為內部常有類似魚吐出來的泡泡而得名，常拿來作白翡的仿冒品。近年來在中國大陸價格也是扶搖直上。

六柱石家族 Beryl

化學成分：$Be_3Al_2(SiO_3)_8$ 鈹鋁矽酸鹽。

*晶系：*六方晶系。

*解理：*極完全，底面解理；在成品寶石中很少見到。

*硬度：*7½，祖母綠特別脆。

*比重：*2.65~2.80，取決於品種。

顏色和品種：

綠色 – 祖母綠；藍色 – 海藍寶石；黃色 – 金六柱石(黃色六柱石)；粉紅色 – 粉紅六柱石(摩根石)；無色 – 無色六柱石(透六柱石)；褐色和黑色。

*光澤：*玻璃光澤。

*折射率：*1.56~1.60，取決於品種。

*雙折射率：*0.003~0.010，取決於品種。

*光性：*一軸晶。

*色散：*低。

*光學效應：*貓眼效應，主要見於海藍寶石、金六柱石和祖母綠。

*星光效應：*褐色和黑色六柱石。

六柱石晶體：

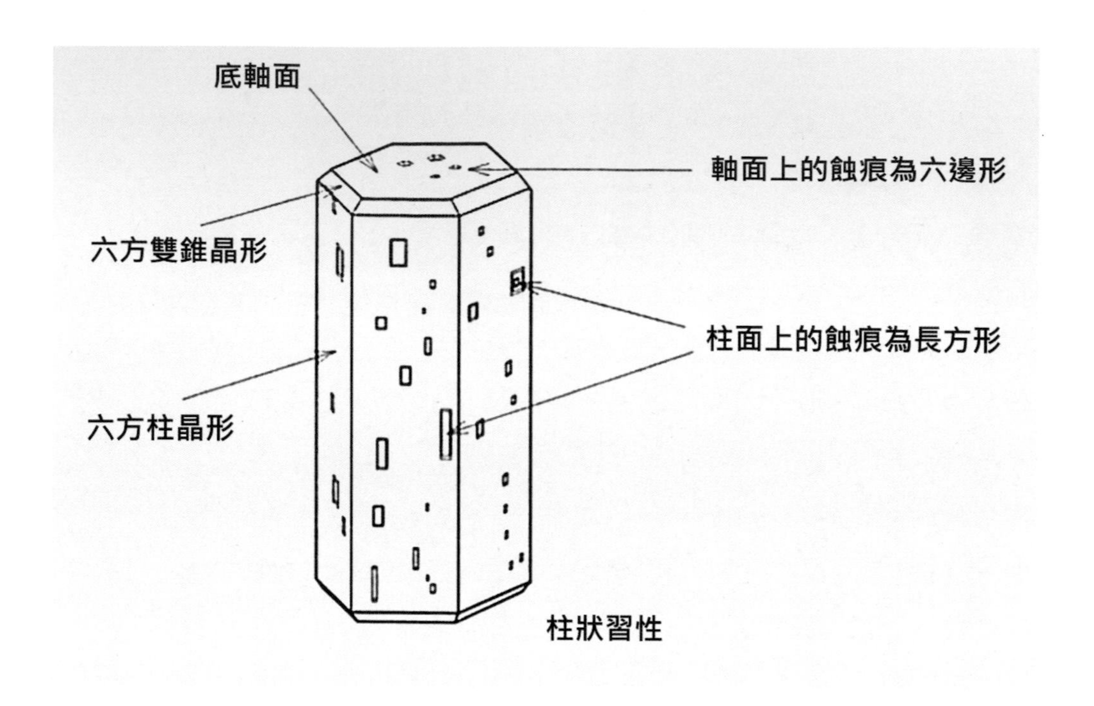

六柱石吸收光譜(黃綠色品種)：

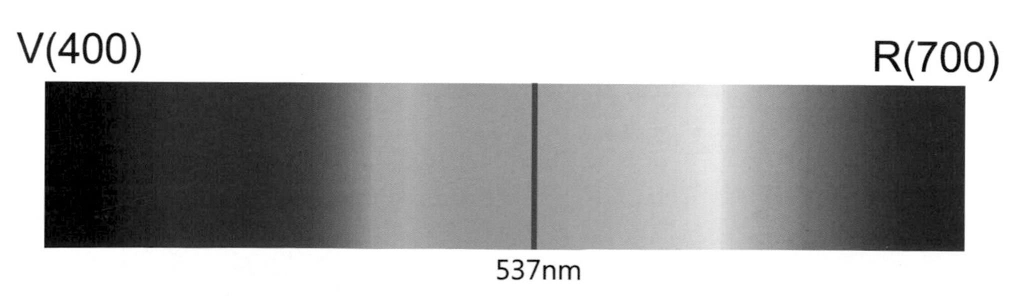

綠區有一條淡吸收線

金色六柱石
Heliodor

其名稱Heliodor是法文中的太陽Helio和黃金的D'or組合而成，代表奉獻給太陽，也是希望的意思。蘇聯的烏拉爾山所生產的金六柱石公認品質最優。市面上常對藍色寶石輻射可獲得黃色或金色六柱石，但在強光下則會退色。

*顏色：*淡檸檬黃～深金黃，由鐵(Fe)致色。

*多色性：*不明顯。

*包裹體：*與海藍寶石相似。

*產地：*幾乎與海藍寶石相同。

祖母綠
Emerald

是五月的生日石，它的鮮綠色來自於鉻Cr元素。同樣是綠色的六柱石，如因為鐵和釩(V)所致色便不可稱為祖母綠，而是叫釩六柱石或是綠色六柱石。

*結晶習性：*具軸面終端的六方柱，有時有小的雙錐面。多包裹體和裂縫，切磨時應考慮使成品寶石盡量少含包裹體和裂縫。

*CCF：*粉紅色或紅色(非診斷性)。

*UV：*發粉紅色或紅色螢光。

某些主要來自印度和非洲的祖母綠因所含微量的鐵抑制了螢光，故仍呈綠色。

*多色性：*弱到強，藍綠和黃綠二色性。

祖母綠光譜：(鉻致色)

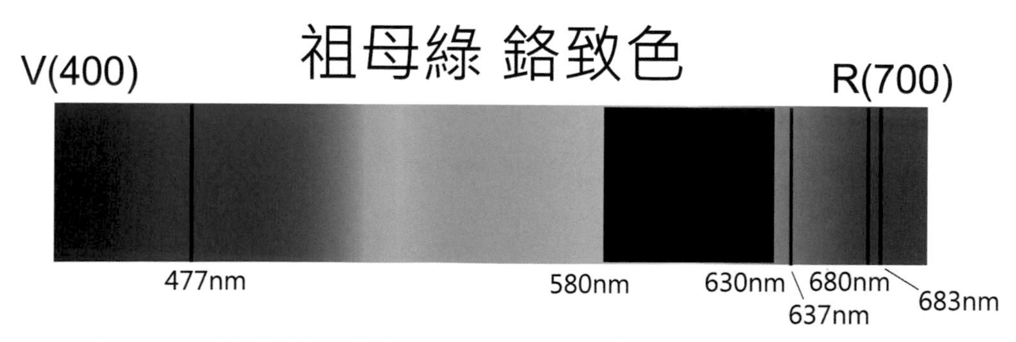

紅區有三吸收線　黃綠區有一吸收寬帶　藍區有一吸收線

產地：巴西、哥倫比亞、印度、尼日利亞、巴基斯坦、西伯利亞、尚比亞、南非和辛巴威。

產出：各種類型的礦床，包括變質礦床和水熱礦床。

祖母綠包裹體：

主要包裹體	產地
三相（EX 鋸齒狀、氣泡、鹽岩）	哥倫比亞
兩相（旗桿狀）	印度
透閃石（針狀、纖維狀）	津巴不韋（辛巴威）
陽起石針狀晶體	西伯利亞、蘇聯
雲母片	許多產地

由於祖母綠天生裂紋就很多，又有寶石的花園之稱。市場上浸無色的油處理是常見的，隨著時間的推移，浸泡的油會有乾涸的現象，亦可用同樣的方法來修復。

另外如用綠色的油或是樹脂類來充填，這就非一般的處理，而稱為充填祖母綠或染色祖母綠了。

在鑲嵌時須注意祖母綠的脆性，並且避免用超音波清洗劑清洗。

海藍寶石
Aquamarine

Aquamarine是拉丁文海水的意思，也是三月的生日石。市面上的海水藍寶石都是淡藍色，也有人開玩笑說海水藍寶是「祖母綠的窮表親」，但它的雜質可要比祖母綠少許多了。硬度也較祖母綠高些，但海水藍寶常常經過熱處理，將致色的三價鐵離子Fe+3改成二價鐵離子Fe+2，把綠色調去除，使得藍色更藍。

*顏色：*藍色或綠藍色、鐵致色。

CCF: 呈綠色。

*多色性：*藍或綠／無色或淡藍色，屬二色性。

*處理：*原本藍綠色或綠色的寶石經熱處理後，去掉黃色，變成全藍的寶石(穩定)。

包裹體：

1. 二相尖頭狀孔洞(雨狀)。
2. 管脈狀包裹體。
3. 雲母片。
4. 雪星(Snow star)。

*產地：*巴西、美國、奈及利亞、巴基斯坦、蘇聯、馬達加斯加。
其中巴西的Santa Maria de Itabira出產的海水藍寶顏色最飽和。

*產出：*偉晶岩、水蝕卵石。

V(400) 海水藍寶石 鐵致色 R(700)

427nm 465nm 537nm

綠區有一吸收線 藍區有一吸收線 紫區有一吸收線

摩根石
Morganite

摩根石不像同一家族的祖母綠跟海水藍寶那麼有名氣，尤其顏色一直都很淡，僅淺淺的粉紅色調而已。一直到西元1991年之後，有一位寶石收藏家兼銀行家Joan Pierport Morgan收藏後而命名為摩根石。

但是這淡淡的粉紅色吸引了一些女士們的喜愛，加上摩根石有親和力與愛的能力，讓生活壓力可以舒緩產生平靜，在商業上也稱為「夜間情人」。

*顏色：*桃紅、玫瑰紅或粉紅，由錳(Mn)致色。

*多色性：*粉紅~藍粉紅，二色性。

*包裹體：*與海藍寶石相似。

*產地：*巴西、馬達加斯加、阿富汗、美國。

*產出：*偉晶岩中。

其他六柱石

*紅色六柱石：*少見，來自美國猶他州，由錳(Mn)致色。
*褐色六柱石：*來自巴西，有時有微弱的星光效應。
*無色六柱石：*來自美國麻薩諸塞州。

*高銫草莓紅六柱石：*2002年10月在馬達加斯加發現，由銫(Cs)致色。儘管成分與紅色六柱石相似，但屬於三方晶系，晶體屬於板狀習性。
*折射率：*1.60~1.62(高於其他六柱石但低於碧璽)。
*雙折射率：*0.008~0.011。
*二色性：*中等粉紅色–橙色或帶紫色調的粉紅色。
*產地：*阿富汗和馬達加斯加。
*分光鏡：*藍區494nm，綠區563nm可見吸收線。

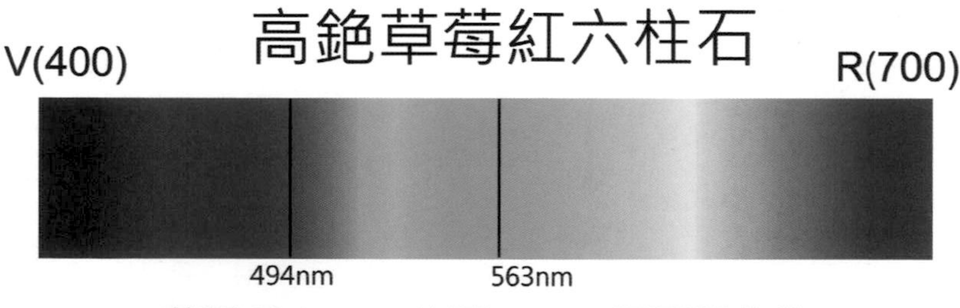

藍區494nm，綠區563nm可見吸收線

常見小問題：

Q：祖母綠因為含鉻元素，在查爾斯濾色鏡下會呈現紅色，那如果不變紅是不是就不叫祖母綠呢？

A：其實含鉻的六柱石才能叫祖母綠，否則只能稱為綠色六柱石，但是祖母綠雖然含鉻在查爾斯濾色鏡下也不一定會變紅，有時鐵成分太多也會抑制鉻。

金綠寶石
Chrysoberyl

大家可能耳熟能詳貓眼石跟亞歷山大變石，殊不知其實金綠寶石有四個品種：普通金綠玉、金綠貓眼、亞歷山大變石、亞歷山大貓眼，因為其致色元素不同而產生不同品種。

化學成分：$BeAl_2O_4$鈹鋁氧化物。

*晶系：*斜方晶系。

金綠寶石三連晶和晶體碎塊：

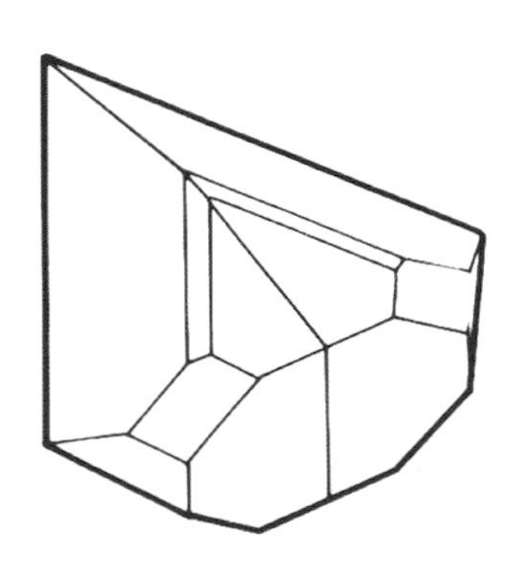

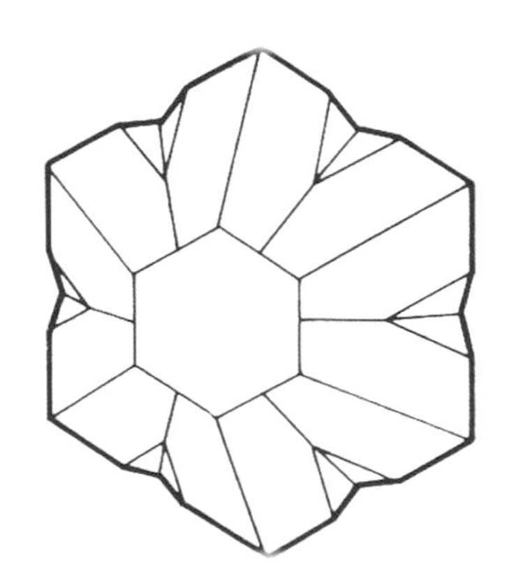

*解理：*弱到中等，柱面解理。

*硬度：*8½。

*比重：*3.71~3.75。

*顏色和品種：*金綠寶石 – 黃綠色、綠色和褐色。

金綠寶石吸收光譜：

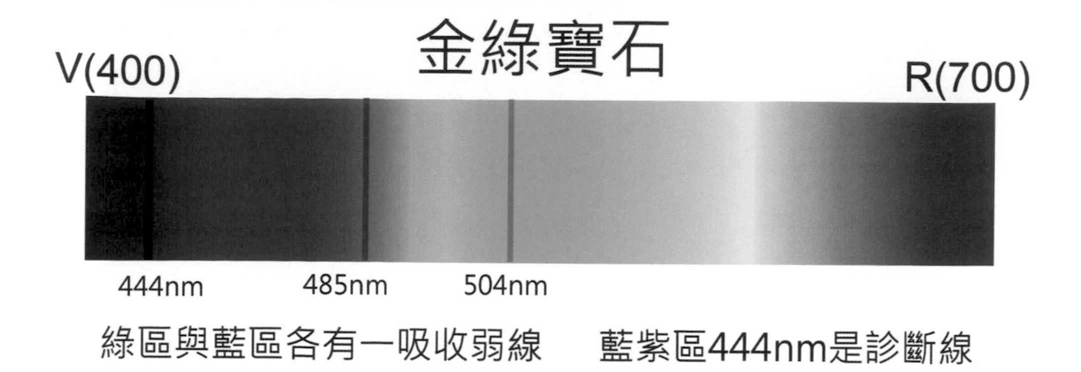

變石–少見的品種，最佳者在鎢絲燈光下為山莓紅色，在燭光下為更強的紅色，而在日光下為令人喜愛的亮綠色。

*光澤：*明亮玻璃光澤。

折射率：1.74~1.76。

*雙折射率：*0.008~0.010。

*光性：*二軸晶正光性。

*色散：*低。

*包裹體：*偶爾可見階梯狀雙晶面和羽狀體。貓眼寶石有伸長的管狀或針狀體。

*加工：*透明的金綠寶石品種多切磨呈刻面型。貓眼寶石需切磨成弧面寶石，其底面平行於纖維狀包裹體。

*產出：*偉晶岩；高壓變質岩。常呈水蝕卵石產出於砂礦中。

金綠貓眼
Cat's eye

很多其他寶石如石英、磷灰石、軟玉、碧璽等都有貓眼現象，但唯一可以直接稱為貓眼的只有金綠寶石貓眼。

顏色： 透明、黃、綠和褐色、灰綠、褐綠都有。

貓眼： 這種淡黃、蜜黃或綠 / 褐半透明到透明的品種顯示良好的貓眼效應。貓眼效應是由非常細的平行針狀體或空管所導致。好的樣品顯示非常清晰明亮的「眼睛」。優質的貓眼除了要有靈活的眼線之外，還會當光照射寶石時，會有一側呈現牛奶般的乳白色，另一側呈現蜂蜜般的褐黃色，在GIA教材我們稱之為奶蜜現象。

多色性： 暗褐色寶石中多色性明顯，為同一顏色的不同色調。

吸收光譜： 黃、褐和褐色品種是由鐵致色，在藍區有診斷性的吸收帶。而鐵會抑制了螢光。

產地： 大多數產於巴西和斯里蘭卡，另一些產地是馬達加斯加、緬甸和辛巴威。

亞歷山大變石
Alexandrite

亞歷山大變石是金綠寶石的一個品種，它之所以會變色是因為還有微量的鉻元素。

*顏色和吸收：*在鎢絲燈下呈現最佳者為山莓紅色，在燭光下為更強的紅色在日光呈亮綠色。

*變色效應：*是由顏色平衡的偏移所引起的，在附有藍光的日光下為綠色，在附有紅光的鎢絲燈或燭光下為紅色。

*多色性：*變石顯強多色性，日光下的多色性顏色是紅、橙和綠色。

*變石貓眼：*一種少見的顯示良好貓眼效應和變色效應的品種，由鉻致色。也和所有貓眼寶石一樣，貓眼效應是由微細的平行針狀體或空管所導致。

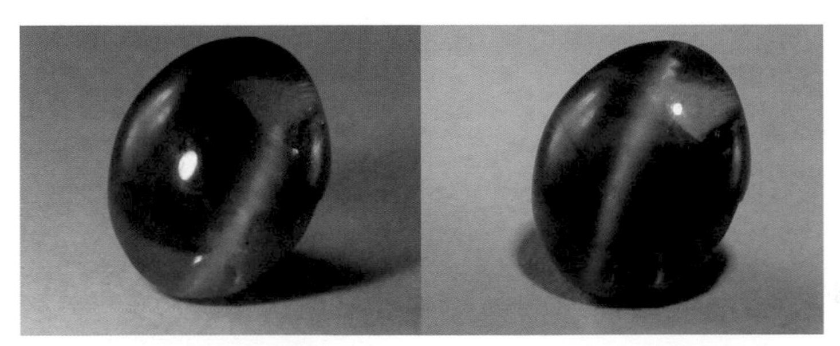

黃光下呈現紅色　　白光下呈現綠色

變 石 貓 眼

*產地：*最早在西元1830年的俄國烏拉爾山區Ural Mountain所發掘出，當時沙皇亞歷山大二世將這顆寶石鑲在自己的皇冠上，並在生日當天以自己的名字Czar Alexander II命名。現今最優的重要產地在巴西。

*大顆粒：*斯里蘭卡的變石(其顏色變化是從褐紅色到黃綠色)。

*微小顆粒：*印度、辛巴威和尚比亞(優質)。

亞歷山大變石吸收光譜：

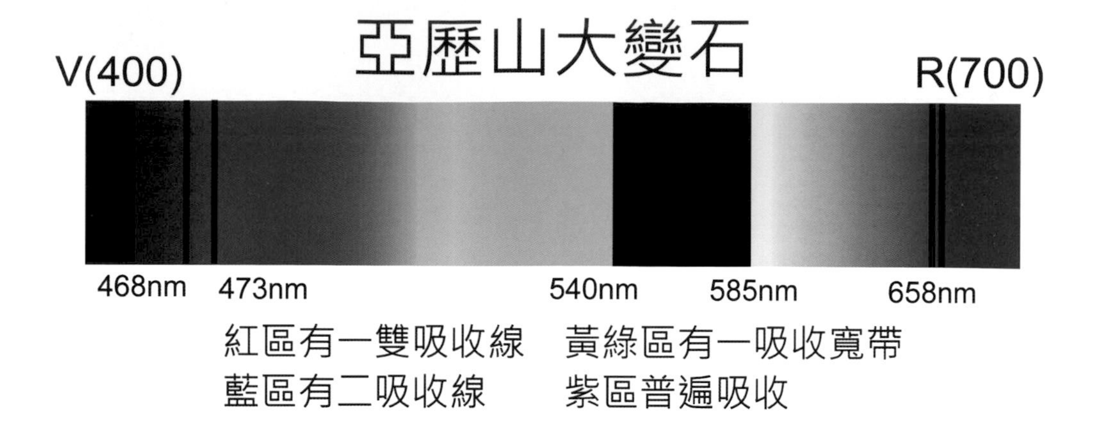

亞歷山大變石鑑定：

*二色鏡：*強多色性，日光下看到顏色為紅色、橙色和綠色，從多色性方向觀察時變色效應最強。

*光譜：*鉻致色，紅區有吸收線，橙黃區有寬的暗帶。

*紫外光：*變石在長波和短波都有弱紅色螢光。

*CCF：*變石會顯現淡紅色。

*相似外觀的寶石：*合成變色剛玉、合成尖晶石、石榴石。

亞歷山大貓眼石

石英家族 Quartz

化學成分：SiO_2二氧化矽。

*晶系：*三方晶系。

石英的晶形和形狀：

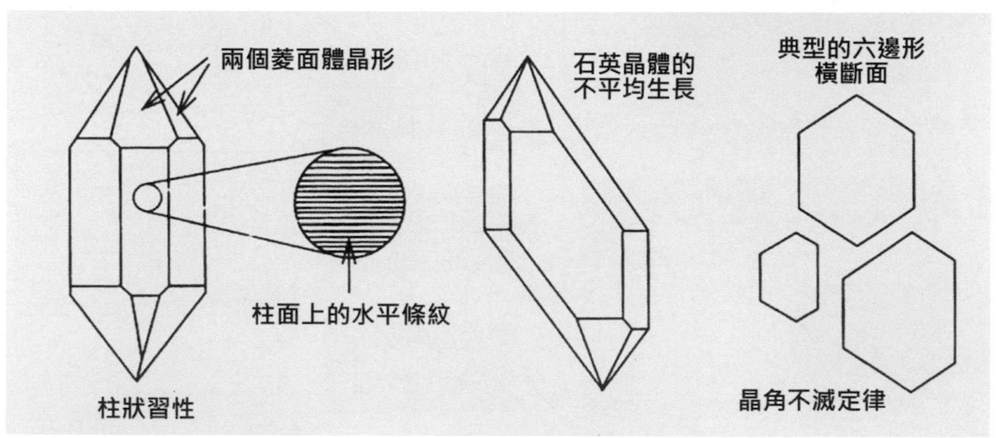

石英的大家族：

*解理：*很差，斷口通常為貝殼狀。

*硬度：*晶質：7；多晶質：6~7。

*比重：*晶質：2.65；多晶質：2.6。

*顏色品種：*晶質：較大的單晶，肉眼可見。

*多晶質：*微小或顯晶質的集合體。

*多色性：*弱到強，取決於品種。通常是同一體色的深和淺色調。

紫晶中明顯，黃晶中少見。

*光澤：*玻璃光澤。

*折射率：*晶質：1.54~1.56。

*多晶質：*1.53~1.55。通常只有一個讀數。

*雙折射率：*0.009。

*色散：*低。

*光性：*一軸晶正光性。

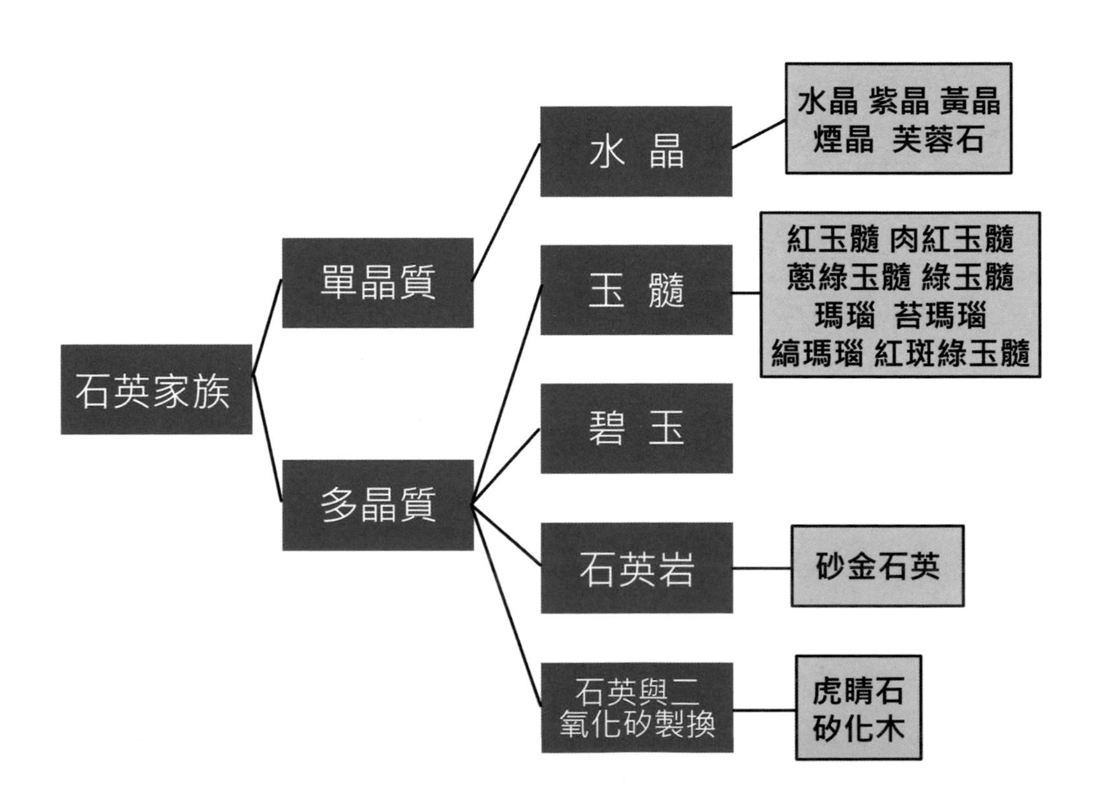

無色水晶
Crystal

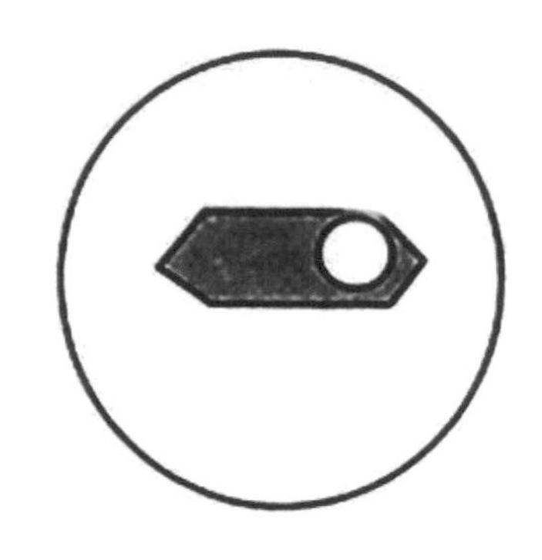

完全無色的純的石英Rock Crystal，中文又稱白水晶。不僅在珠寶飾品的市場常見，在工業上也非常重要，例如：手錶、半導體、整流器……等。但有些百貨專櫃宣稱水晶的物質，其實是加了鉛的玻璃Lead Crystal Glass，它之所以非常的閃耀，是因為含有大量的鉛，增加了折射率，這跟天然的白水晶是不同的物質。

*包裹體：*晶體、二相包裹體、部份癒合的裂隙。有各種顏色，但大多數是黑色的電氣石包裹體(含電氣石石英)或細的金黃色髮狀金紅石(含金紅石石英)。

*產出和產地：*產於孔洞、晶洞和偉晶岩中，也呈水蝕卵石。有些晶體的重量超過2噸。產於世界各地。主要產地在巴西(Gerais)、中國、法國(中央台地)日本、馬達加斯加、緬甸、俄羅斯(烏拉爾山)、瑞士和美國(阿肯色州)。

紫水晶
Amethyst

紫水晶是二月份的生日石，在水晶家族中算是最受人喜愛的。

*顏色：*紫晶含鐵，鐵產生了由深紫到淺紫的顏色變化和從透明到半透明的變化。顏色極少是均一的，多呈斑塊或有直邊的條紋分布。

*包裹體：*稱為「虎紋」或「斑馬紋」的帶狀構造是最典型的。

虎斑紋包裹體

*產出和產地：*晶體通常於晶洞中，只有晶體的終端是紫色的，其餘部份則是無色的。最重要的有商業意義的產地在巴西、俄羅斯(西伯利亞)、馬達加斯加、納米比亞、辛巴威、斯里蘭卡、印度、尚比亞和玻利維亞。

*處理方法：*紫晶透過加熱至470℃可變成黃晶，或有時加熱到500℃變成透明綠色的晶體，叫Prasiolite，加熱到550℃～560℃呈深黃色或紅棕色，超過575℃呈無色。

黃水晶
Citrine

*顏色：*黃、金黃、褐和淺紅色石英，由鐵致色。

天然黃晶不常見，大多數黃晶是紫晶經熱處理450℃~550℃形成的。

*包裹體：*可含與紫晶相同的包裹體，譬如：「虎紋」和直的色帶，但黃色品種較不明顯。

*產出和產地：*同紫晶。

紫黃晶
Ametrine

*顏色：*紫色和黃色(Amethyst–Citrine)的帶狀石英。

傳說中是在十五世紀西班牙進軍到巴西，並娶了當地Ayoreos族的公主Anahi，以此礦區命名。

現在市面上有很多是透過紫晶加熱形成。

*產出和產地：*同紫晶。

煙水晶(又叫茶晶)
Smoky Crystal

顏色範圍從煙黃到深褐和黑色。由天然和人工輻照致色。阿爾卑斯山礦區出產的煙水晶天然放射線較少，透明度較高。蘇格蘭的凱恩戈姆山所開採的深色水晶又稱之為凱恩戈姆石或墨晶Marion，可改善睡眠品質，幫助入眠。

煙水晶加熱可使顏色變淺(300℃~400℃ 變黃色)。

*包裹體：*與水晶中的包裹體相同。

*產出和產地：*世界各地、與水晶相同。

*處理方法：*許多商業上使用的煙晶是水晶經人工輻照而成。

芙蓉石(薔薇石英)
Rose Crystal

*顏色：*是鈦和鐵致色，顏色範圍淡粉紅到深玫瑰粉紅，極少數為橙色，又稱為粉晶。

通常是半透明的。自古以來就被認為是成就戀愛，守護愛情的寶石。

*包裹體：*切磨成珠子和弧面寶石後，定向的(金紅石或矽線石)針狀體會顯示強星光效應。「透星光」強於「表星光」。曾生產過底部呈鏡面的芙蓉石弧面寶石以仿星光藍寶石。

*產出：*芙蓉石產於偉晶石中，極少是發育好的晶體，多數是填充孔洞的塊體。

粉晶與紫水晶

石英貓眼
Quartz Cat Eye

具有貓眼效應的石英。含有大量平行於C軸的針狀包裹體或細管道的石英，磨成弧面型寶石可呈現貓眼效應。可加工為戒面、珠粒，大塊的可用於雕刻工藝品。因為石英貓眼的光帶不如金綠寶石貓眼的光帶那麼整齊明晰，行內人士曾將石英貓眼稱作勒子石(Bit Stone)。

但優質的石英貓眼很像金綠寶石貓眼，也有蜜黃色、光帶清晰明亮的。

著名產地有印度、斯里蘭卡，美國、墨西哥、澳大利亞也有產出。

石英貓眼

多晶質石英
Chalcedony

在寶石學中多晶質或隱晶質的石英我們又稱之為玉髓，玉髓因為顏色不同又分為許多類別，而瑪瑙Agate最早發現於義大利的西西里島阿蓋特河River Achates，德文的瑪瑙Achat因此得名。通常要有條帶或環帶的才可稱上瑪瑙，其餘者稱為玉髓。

火瑪瑙

市場上有一種火瑪瑙Fire Agate，像火焰一般的艷麗，晶體內含有片狀薄膜，使光線進入時互相干涉產生暈彩現象。

玉髓	
紅玉髓	亮橙到淺紅色的玉髓，由氧化鐵致色
肉紅玉髓	各種褐色色調的玉髓，由氧化鐵致色
蔥綠玉髓	暗綠色的玉髓，由綠色礦物包裹體致色
綠玉髓	由鎳致色的玉髓；淡綠到豔綠色，半透明到幾乎不透明
瑪瑙	顯示明顯的彎曲的帶，顏色和透明度有逐層的變化。常染色處理。當剛剛從圍岩中剝離出時，瑪瑙看上去非常像樹木的腫瘤
苔瑪瑙	含枝狀的礦物包裹體，通常是氧化鐵和氧化錳，看上去像苔、蕨或樹。這些植物狀的包裹體可以是黑色、褐色或綠色。優質的苔瑪瑙在玉髓家族中可能是最珍貴的
縞瑪瑙	條帶狀，顏色範圍有限。通常用於凹雕和浮雕。褐色和白色的帶狀材料稱為纏絲瑪瑙（在首飾貿易中把黑色非帶狀的材料也稱為縞瑪瑙。）
紅斑綠玉髓	綠色帶氧化鐵紅斑點；許多紅綠玉髓看來主要是由碧玉組成。從前把這種材料叫 heliotrope

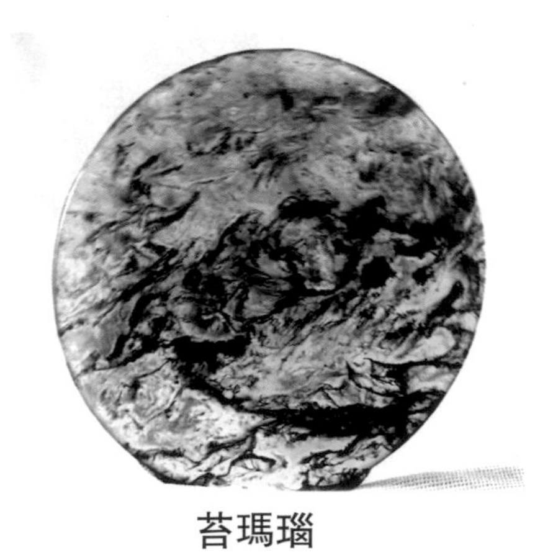

苔瑪瑙

其他多晶質石英品種

碧玉 Jasper：

碧玉是不透明多晶質石英。它含總量可達20%的黏土和氧化鐵的細粒物質。可按顏色細分品種，譬如：紅色碧玉和綠色碧玉。

砂金石英：

商業上稱為砂金石英(東陵石)的材料是由石英顆粒組成的岩石，即石英岩。綠色砂金石英含數量不等的亮綠色雲母(鉻雲母)，常在市場上當成「玉」銷售。有些材料是經過染色的，故需要仔細檢查裂縫中有無染劑。

藍玉髓(台灣藍寶)：

呈豔藍色或泛翠綠之色澤，散發出一股神祕深邃、典雅幽豔的氣息，玻璃質地中隱隱透著溫潤之光華，拋光後明豔照人，是目前台灣東部海岸山脈最珍貴玉石之一。

一級品的天空藍、海水藍和翡翠藍，長期以來一直是國內外收藏家的最愛。

石英和二氧化矽交代的品種

虎睛石Tiger-Eye Quartz：

虎睛石是石英交代的纖鐵鈉閃石石棉的產物，保留了石棉的纖維狀外觀。由氧化鐵致色，其顏色可切磨成貓眼弧面寶石。也像其他的多晶質石英一樣，虎睛石可染成幾乎任何顏色。主要產地是南非和西澳大利亞。除了虎眼石以外，還有藍色調的鷹眼石Hawk's Eye Quartz。

矽化木：

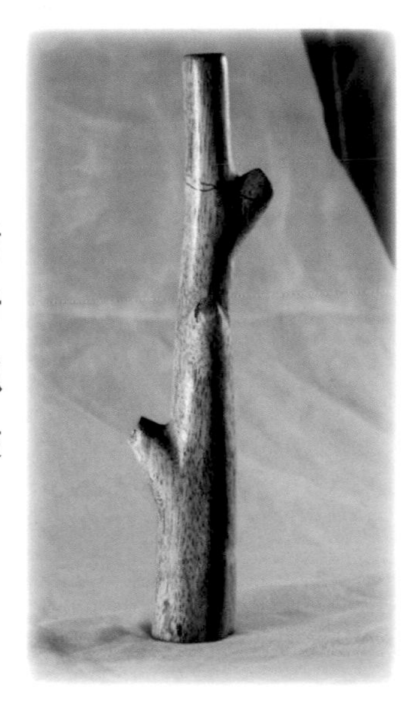

二氧化矽常常出現在埋藏達數百萬年之久的樹幹，並保留了木頭小到單個細胞的結構。許多材料用於大的雕刻品，但較小的材料也切磨成弧面寶石。這種材料可根據保存的木頭的結構來鑑別。

處理方法及測試：

◎紫水晶經加熱470℃變成黃水晶，500℃變成透明的綠水晶。

◎相似外觀的有：玻璃、合成水晶、方柱石。

◎測試方法：

*二色鏡：*通常為同種色彩但不同色調。

*偏光鏡：*晶質水晶呈現牛眼干涉圖。

折射儀： 可與方柱石1.54~1.58 (DR 0.009~0.026) 區分 (一軸晶負光性)

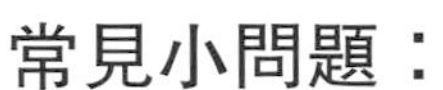

常見小問題：

Q：思華洛世奇是不是水晶？

A：其實思華洛世奇是含鉛量很高的人造玻璃，由於鉛可以提高折射率，讓玻璃產生光彩，更顯明亮動人。雖然水晶跟玻璃的化學成分都是二氧化矽，但水晶是天然的三方晶系寶石，玻璃是人造的非晶質物質，其價值是截然不同的。

氟石(又稱螢石)
Fluorite

是因為在紫外線下會有螢光反應，又名螢石。另外，據說是源自拉丁文Fluere流動的意思而來。

化學成分：CaF_2氟化鈣。

*顏色：*幾乎所有顏色都有，其中綠色品種酷似高檔翡翠，顧又名「冷翡翠」。

紫色的螢石又可以媲美紫水晶。但由於硬度及折射率都低，光澤也不佳，便無法擠入高價珠寶的等級中。

氟石具有熱發光性，加熱或太陽曝曬後會發出磷光，切磨成圓珠型的氟石在黑暗中發出磷光，增添神秘色彩，就是我們常說的夜明珠。

但市場上有許多造假的夜明珠是將氟石表面塗上磷光物質或充填磷光物質進入氟石內，來欺騙消費者。

特殊顏色品種：

藍色約翰Blue John是具有紫色白色黃色條帶的品種，屬多晶質。

*綠色螢石：*可顯示稀土元素吸收暗線，常冒充祖母綠。

除了黑色及紅色幾乎各種顏色都有，屬立方晶系。

*結晶特性：*立方晶體和穿插晶體、完全的八面體解理。

*解理與斷口：*完全的八面體解理(四個方向)。貝殼狀斷口。

*硬度：*摩氏硬度4。易劈開的軟的材料，切磨操作時要小心。

*比重：*3.0~3.2。

*折射率：*1.434，各向同性。

*透明度：*透明、半透明和不透明都有。

*色散：*很低。

*包裹體：*二相和三相包裹體、初始解理和固體包裹體，如黃鐵礦色帶和生長帶。

*加工：*弧面寶石、珠子和雕件。刻面寶石供收藏。

*產地：*產於世界各地，特別是中國、英國(德貝郡)和美國。

常見小問題：

Q：紫色的螢石常有色帶，紫水晶也有，要怎麼分呢？

A：螢石的解理很發達可以看得出來初始解理在寶石裡面，而且螢石的比重要比水晶重很多，折射率要低很多，不難分辨。

尖晶石
Spinel

源自於十六世紀時，因為結晶外型以拉丁文Spina尖端的意思命名。紅色尖晶石常常作為紅寶石的仿冒品，像伊莉莎白女王的鐵木Timur紅寶項鍊及俄羅斯王室的葉卡捷琳娜一世皇冠上的紅寶石，其實都是被誤認為是紅寶石的紅色尖晶石。但很多人不知道其實尖晶石有很多顏色，甚至有時會有星光效應。

化學成分：$MgAl_2O_4$鎂鋁氧化物。

*尖晶石晶系：*立方晶系(八面體、三角薄片、菱形十二面體）。

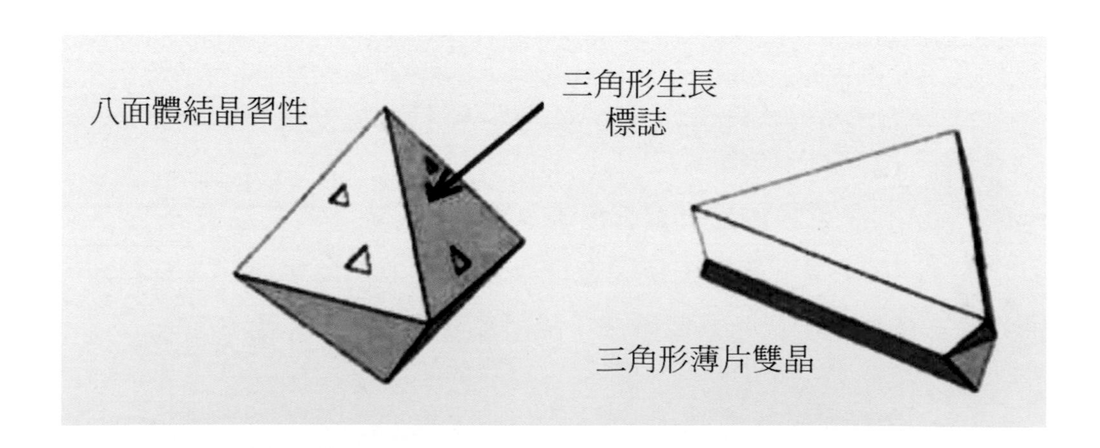

*光澤：*玻璃光澤、明亮。有些八面體晶體有顯示明亮玻璃光澤的光滑晶面。

*折射率：*1.71到1.73左右，單折射。大多數寶石級尖晶石的折射率是1.718左右(維爾納葉法合成尖晶石的折射率是1.728左右)。

紅色尖晶石折射率：1.74左右。

鋅尖晶石折射率：1.79~1.80(負讀數)。

色散：中等。

*包裹體：*許多天然尖晶石含有微小的可能屬於其他尖晶石型礦物的八面體。也可見到鋯石暈，特別是在產於斯里蘭卡的尖晶石。鐵染的裂縫常見。

*偏光鏡：*各向同性。

*產地：*大多數寶石級尖晶石與剛玉一道產於斯里蘭卡和緬甸的沖積砂礦中。寶石級尖晶石也產於阿富汗、澳大利亞、巴西、和美國。

*光譜：*紅尖晶為鉻致色(合成尖晶石紅區會有發射亮線)，藍區沒有吸收線。

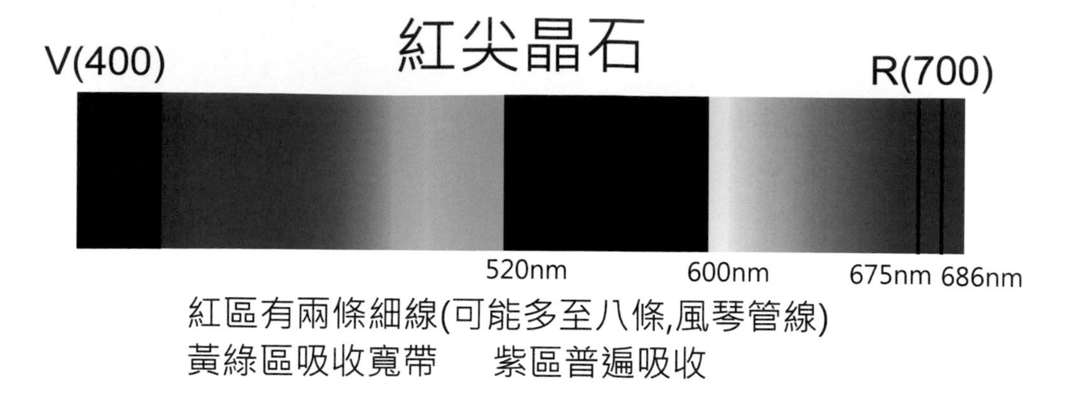

藍色尖晶石如果含鐵會有鐵光譜(但較弱)。含鈷在CCF下呈紅到粉紅色

*測試與鑑定：*折射儀，天然的為1.718。

*紫外光：*紅色尖晶石在長波365nm LWUV下發紅色螢光。

產生的顏色及致色元素：

顏色	致色元素
紅、褐、綠	鉻
粉紅	銅
藍	鈷
藍、綠、褐、粉紅	鐵
變色	釩 + 鉻

合成尖晶石的測試與鑑定：

折射率：1.727 左右。

偏光鏡：異常消光現象(ADR)。斑紋狀消光。

包裹體：異形的氣泡(拉長形)。

CCF：鈷致色的藍色尖晶石會呈現粉紅至紅色。

紫外光：合成藍色尖晶石在短波下呈現白色色調。長波下呈現紅色。合成無色尖晶石在短波下呈現藍白色。

合成鈷尖晶石光譜(寬寬窄)：

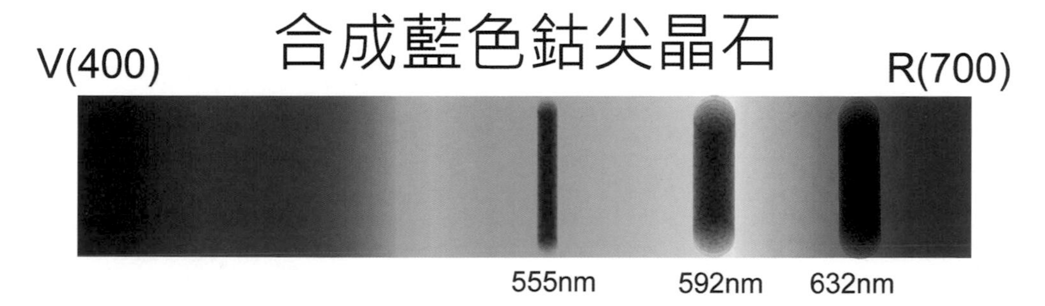

橙區有一吸收寬帶　黃區有一吸收寬帶　綠區有一吸收窄帶

常見小問題：

Q：紅色尖晶石常常作為紅寶石的仿冒品，應該如何區分？

A：尖晶石是立方晶系屬於單折射寶石，具有固定的折射率。所以我們可以藉著折射儀，二色鏡及分光鏡即可區分。

坦桑石
Tanzanite

東非的坦桑尼亞是唯一的產地，因此而得名Tanzanite，又叫丹泉石。首次發現是在西元1967年，一開始寶石學家稱它為藍色黝簾石Blue Zoisite，後來美國的蒂芬妮公司Tiffany & Co.建議改名為丹泉石Tanzanite，西方國家認為女性佩戴丹泉石代表了自信與成熟。

美國寶石協會AGTA，將丹泉石和藍色鋯石Zircon以及土耳其石Turquoise並列為十二月的生日石。

顏色和品種： 坦桑石是黝簾石的藍到紫色透明品種。
化學成分： 鈣鋁矽酸鹽。
晶系： 斜方晶系。

*結晶特性和表面特徵：*柱狀晶體，大致長方形的橫截面，一些晶面上有條紋。

*斷口和解理：*半貝殼狀斷口，一個方向完全解理。

*硬度：*6½，易受脆性破裂影響。

*比重：*3.15~3.38。

*折射率：*1.69~1.70。

*雙折射率：*0.006~0.013。

*光性：*二軸晶。

*光澤：*玻璃光澤。

*透明度：*透明。

*色散：*低。

*多色性：*強多色性。

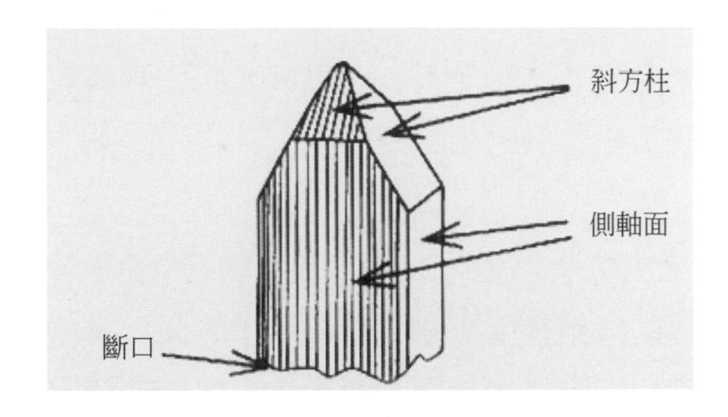

未經處理的坦桑石為紫、黃綠和藍色。經熱處理的為紫和藍色(綠色調被去除)。

*處理：*許多顏色的黝簾石在加熱到300℃~400℃時變成藍色到紫色。一般沒有經過處理的丹泉石多帶有棕黃色調，因此加熱處理便普遍運用在丹泉石上，這樣的熱處理可將顏色轉變為永遠的藍紫色彩。

常見小問題：

Q：切磨好的丹泉石跟藍寶石乍看很像，如何快速區分出來？

A：可使用二色鏡。丹泉石有強三色性：紫色、紫紅色、黃綠色，而藍色藍寶石僅呈現二色性：藍色、綠藍色。

鋯石(風信子石)
Zicorn

鋯石Zircon是天然寶石，英文名Zircon原是波斯語Zargun金黃色的意思，還有一個很美的名字「風信子石」，鋯石又跟土耳其石並列為十二月的生日石。

化學成分：$ZrSiO_4$ 矽酸鋯。鋯石中含不等數量的放射性元素鈾和釷。隨著時間，某些鋯石的有序晶體結構被放射性轟擊而瓦解，變成低型或蛻晶質的鋯石。

*晶系：*四方晶系。

鋯石的晶體習性：

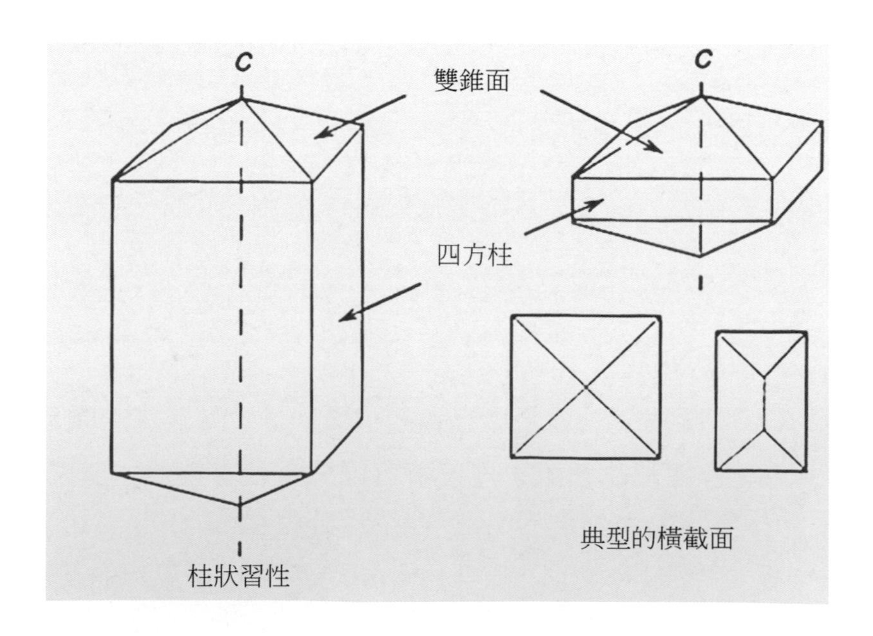

硬度：低型：6½；高型：7½。鋯石性極脆，故刻面稜易受損。如成品寶石在包裝紙內相互摩擦則會出現崩口，因此鋯石多是用薄紗紙單個包裝。

解理：差。

比重：低型 3.9；高型 4.8。

折射率：高型鋯石：1.92~1.99。 低型鋯石：1.78~1.90。

顏色品種：天然色紅、褐、黃、綠、紫色和無色。

產地：產自越南和泰國的淺紅色和褐色的鋯石可透過熱處理 800℃ 到 1000℃ 會產生人們熟悉的天藍色、金黃色和無色的鋯石。低型鋯石主要呈水蝕卵石產於斯里蘭卡和緬甸，通常為黃色或綠色，強加熱後可重新獲得高型鋯石的光學和物理性質。

多色性：通常弱，但熱處理的藍色鋯石是個例外，它的二色性顏色是藍色和無色。

光澤：亞金剛光澤到明亮玻璃光澤。即使在磨蝕的晶體和礫石中也看得很清楚。

*吸收光譜：*約有零至四十條吸收線(高型的較清晰)。綠色和低型看不清楚653nm吸收線。

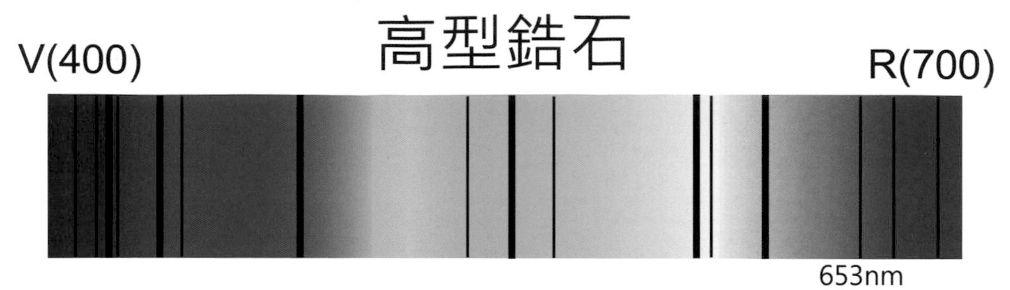

光譜呈現多條吸收線與窄帶,可能多達40條
經熱處理後可能剩653nm 為診斷線

檢測方式：

*二色鏡：*弱。僅熱處理過的藍色鋯石會有藍色和無色二色性。

*折射儀：*負讀數。

10倍放大鏡下可見重影。

*包裹體：*背刻面重影和包裹體(羽毛狀紋&色斑)。會有紙蝕現象。低型的鋯石結晶體在生長過程中如因環境變化，使晶體顏色分佈不均，形成明顯色帶。

*產地：*緬甸，泰國，斯里蘭卡，澳洲，高棉，越南，法國。

	鋯石（Zircon）	蘇聯鑽（Cubic Zirconia）
化學成分	矽酸鋯（ZrSizO4）	二氧化鋯（ZrO2）
晶系	四方晶系	等軸晶系
折射率	高 1.92 ～ 1.99 中 1.84 ～ 1.92 低 1.78 ～ 1.84	2.15 ～ 2.18
雙折射	0.059	無
光性符號	+ve	無
色散（Dispersion）	0.039	0.065
比重	3.9 ～ 4.68	5.6 ～ 6.0
硬度	6 ～ 7.25	8 ～ 8.5

常見問題：

Q：市面上的方晶鋯石跟所謂的鋯石有何不同？

A：市面上的方晶鋯石其實是合成的立方氧化鋯，又叫蘇聯鑽。常作為鑽石的仿冒品。而鋯石是天然的四方晶系寶石，含有放射性元素，可以從光譜看出。是完全不同的寶石。

蘇聯鑽(立方氧化鋯)CZ

橄欖石
Peridot

橄欖石是八月的生日石，之前常常因為跟祖母綠混淆，因此有「夜間祖母綠」之說，英文的俗稱為Olivine 。在舊約聖經有紀載，稱之為「衣索比亞拓帕石」為衆所周知。

中世紀的時候十字軍將橄欖石傳入歐洲，尤其是在巴洛克時期更是主流，近年來在國際佳士得及蘇富比拍賣會上常可見到橄欖石的身影，因此其價值一直有日趨上漲的趨勢。

橄欖石是屬於鐵鎂的矽酸鹽礦物，其化學成分為$(Mg,Fe)_2SiO_4$鎂鐵矽酸鹽。寶石橄欖石化學成分是鎂鐵矽酸鹽，是礦物橄欖石由鎂橄欖石和鐵橄欖石為首端的類質同象系列的一員，鐵是主要的致色元素，常與鎂互相置換。

*晶系：*斜方晶系。

結晶習性：

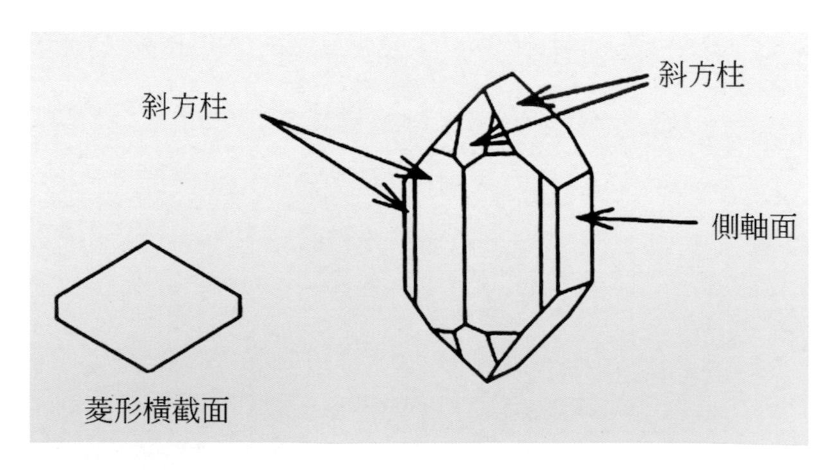

硬度：6½。

解理：很差。

顏色：淡黃色到深綠色，綠褐到褐色(少見)。

多色性：綠和黃綠色、褐綠色。

光澤：玻璃光澤，有時呈油脂光澤。

折射率：1.65~1.69。

雙折射率：0.036(固定)。

色散：中等。

光性：二軸晶。

包裹體：黑色鉻鐵礦包裹體及由它們誘發的像水百合葉的扁平應力裂縫。

雲母片：可使寶石稍帶褐色調在較大的寶石中可見到因雙折射率高而導致的包裹體的重影。

產地：寶石材料的主要產地有中國、緬甸(莫古區)、巴基斯坦、美國(亞利桑那州)和紅海中的Zabargad島(聖約翰島)。

*橄欖石的吸收光譜：*453nm 、473nm 、493nm 。

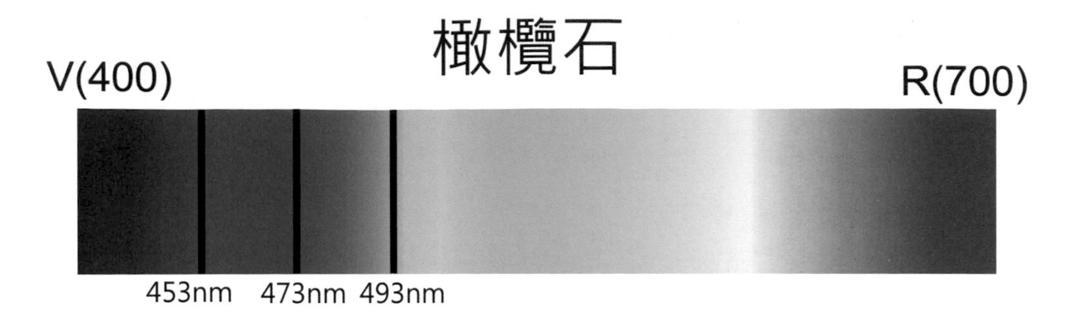

藍區有三條吸收線

注意事項：橄欖石的硬度只有6.5~7是屬於較軟的寶石，要避免強力碰撞。強力的清潔劑也會損傷及腐蝕，最好用溫和的肥皂水清潔即可。如已經腐蝕而產生霧面的損傷，必須重新拋光以回復原有的光澤。

*選購方法：*市場上的橄欖石多為刻面寶石，淨度都還不錯。所以我們就以顏色為主，綠色的色濃度越高價值越高。

榍石
Sphene-Titanite

英文名稱除了Sphene，還被稱作Titanite ，因為其高色散0.050而具有價值，由於高色散在刻面寶石中會產生相當數量的光彩，通常為透明至半透明。晶型常常為楔型晶體或雙晶，有兩個方向的解理，可因為雙晶而裂開，榍石硬度只有5~5.5較軟易碎。

在十倍放大鏡下可觀察到對面刻面的重影。

*折射率：*1.88~2.05，雙折射率0.105~0.135，為負讀數。

*光性：*二軸晶正光性。

*化學成分：*鈣鈦矽酸鹽$CaTiSiO_5$。

*二色鏡：*可見強三色性，帶綠色調的黃色、帶紅色調的黃色、接近無色。

*光澤：*可從樹脂光澤到亞金剛光澤。

*色散：*非常高，約0.051，切磨優良的寶石會有明顯的光彩。

*吸收光譜：*稀土元素譜，含有稀少的釹、鐠。

*具有相似外觀的材料有：*金綠寶石、橄欖石、翠榴石、磷灰石。

*產地：*巴西、加拿大、緬甸、馬達加斯加、墨西哥、斯里蘭卡、奧地利、美國。

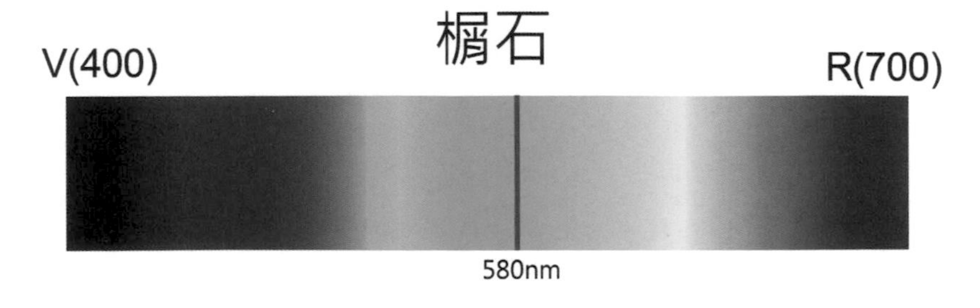

綠區有一條淡吸收線

硼鋁鎂石
Sinhalite

硼鋁鎂石常常讓人與橄欖石混為一談，一直到西元1952年才發覺到這是一個獨立的種類，而且硼鋁鎂石往往是淡黃色或帶綠色調的棕色，而橄欖石是綠色的。

*化學成分：*鎂鋁鐵硼矽酸鹽。

*結晶習性：*柱狀。

*晶系：*斜方晶系。

*硬度：*6.5~7。

*比重：*3.47~3.50。

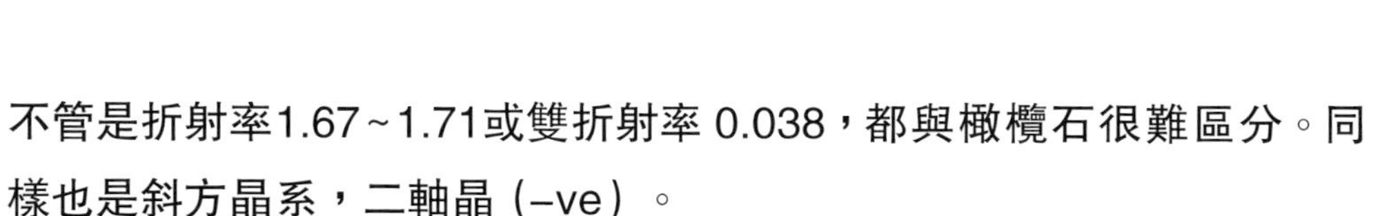

不管是折射率1.67~1.71或雙折射率 0.038，都與橄欖石很難區分。同樣也是斜方晶系，二軸晶（–ve）。

具有相似外觀的除了橄欖石，還有金綠寶石，碧璽跟玻璃。

具有明顯的重影現象。

最佳測試方法：

*分光鏡：*通常在藍區呈現四條吸收帶，但是不容易看到。

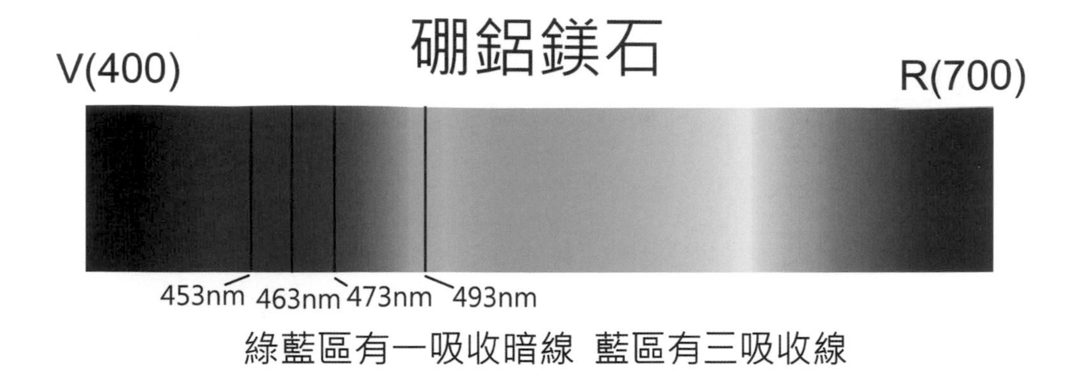

*二色鏡：*硼鋁鎂石具有明顯的三色性，棕色、綠色調的棕色、和深棕色三色性。

*折射儀：*僅能跟碧璽、金綠寶石區分，跟橄欖石太接近很困難。

紅柱石(赤柱石)
Andalusite

紅柱石與藍晶石kyanite、矽線石Sillimanite都是Al_2SiO_5矽酸鋁的同質多像體，顏色有綠色到紅棕色。粉紅色相當罕見。產自巴西的綠色材料被稱為「錳紅柱石 Viridine」。

*化學成分：*鋁矽酸鹽Al_2SiO_5。

*晶系：*斜方晶系。

*光性：*二軸晶(–ve)負光性。

*硬度：*7.5。

*光澤：*玻璃光澤。

*比重：*3.15~3.20。

*折射率：*1.63~1.64。

*雙折射率：*0.007~0.013。

*結晶習性：*原石常為水蝕卵石。

*解理及斷口：*在幾乎90度的兩個方向上解理，同時產生次貝殼狀斷口。

*產地有：*巴西、法國、西班牙及斯里蘭卡。

*多色性：*強，綠色及紅棕色的品種甚至用肉眼即可明顯看出。通常呈黃綠色，綠色及紅棕色。外觀容易與碧璽混淆，但光性(碧璽一軸晶)及多色性可區分。

透輝石
Diopside

*顏色：*綠色較常見，另有黑色、棕色、白色，其中鉻透輝石是亮綠色的品種，價格也較高。

化學成分為：$CaMg(SIO_3)_2$鈣鎂矽酸鹽。

*光澤：*透明至不透明，玻璃光澤。

*結晶習性及解理：*通常為柱狀晶體或水蝕卵石，還有一種紫色的透輝石呈塊狀的，幾乎成90度的兩個方向清晰柱狀解理，並呈現貝殼狀斷口。

*硬度：*5 ½。

*折射率：*1.67~1.70 二軸晶（+ ve）。

*雙折射率：*0.024~0.030。

*比重：*3.26~3.32。

*品種：*有貓眼跟星光效應。星光透輝石呈現四線星光，星線之間呈75度和105度交叉，並非垂直關係。通常星光是由定向排列的針狀磁鐵礦產生，寶石通常比重較高於3.35，並且具有磁性。

吸收光譜：

在綠、藍、紫區有三個模糊帶。

鉻透輝石在紅區有含鉻的吸收暗線，藍–綠區有兩條強的吸收暗線。

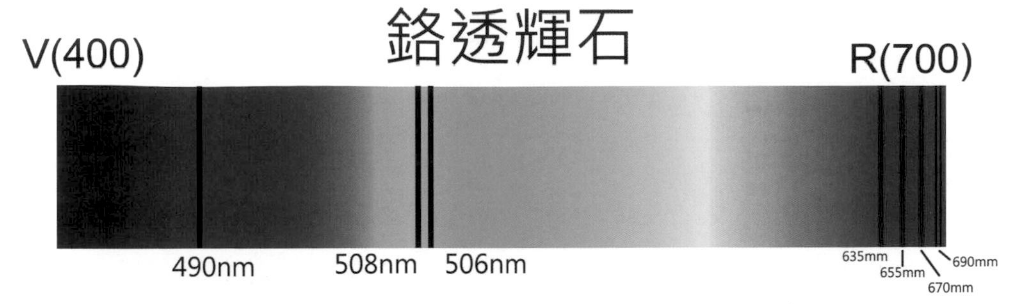

紅區一雙線690nm 三條淡吸收線635nm 655nm 670nm
藍綠區有二條吸收線 506nm 508nm
藍區一條吸收線 490nm

產地：

星光透輝石產於印度。鉻透輝石產於緬甸，西伯利亞和南非(金伯利)。其他產地在巴西，斯里蘭卡，巴基斯坦及義大利。由於跟祖母綠、碧璽、橄欖石、沙弗萊石和藍寶石有相似外觀，我們可以用二色鏡，折射儀，分光鏡來區分。

碧　璽
Tourmaline

顏色非常多樣，粉紅色碧璽是十月份的生日石。

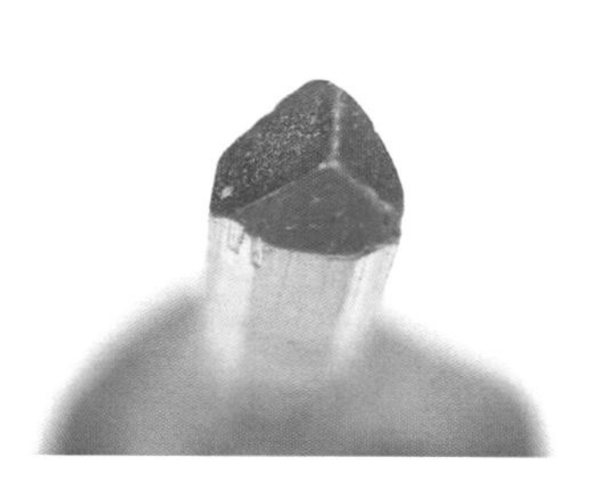

*化學成分：*複合的鋁鎂鐵硼矽酸鹽。

*晶系：*三方晶系。碧璽晶體的形狀、晶形和裂縫。

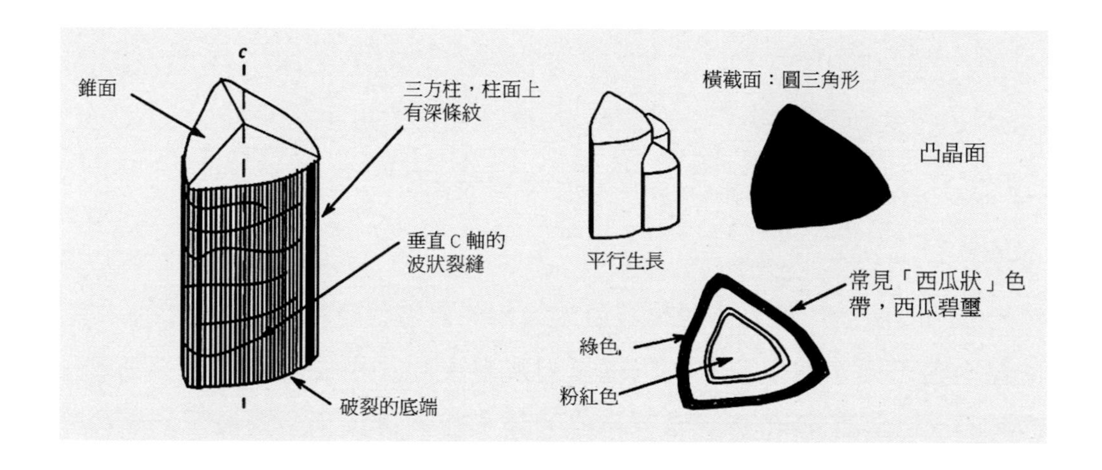

碧璽屬於無對稱中心，主軸(C軸)是極性的晶類。

因此，碧璽又叫電氣石是因為：

1. 熱電性的，當受熱時晶體兩端出現相反的電荷。
2. 壓電性的，當施壓時帶電。
3. 晶體兩端晶形不同的，有時顏色也不同。晶體通常終止於錐面或單面。

斷口與解理： 在原石和成品寶石中常見非常不均勻的解理，表現為垂直於C軸的波狀裂縫。明亮的凸凹解理或破裂面很特別。

硬度： 7~7½。

比重： 3.0~3.1。

顏色： 碧璽可呈各種顏色。碧璽的顏色變化範圍大於其他常見寶石。其中紅色碧璽如果顏色正紅，濃度又夠深會被稱作為紅寶碧璽Rubellite，由於紅寶石價格已經高得驚人，紅寶碧璽在近年來也變成搶手貨，因此在市面上的價格也一路攀升。

Paraiba Tourmaline帕拉伊巴電氣石：不同於一般的藍色電氣石，其致色元素除了鉻還有銅，才會有獨特的電藍色。而這種電氣石僅產於巴西的Paraiba州，在西元1980年發現，但開採困難，產量不穩定也是價格居高不下的原因。

另外，雜色碧璽也相當常見，這種雙色Bi–Colored或多色Parti–Colored的晶體是碧璽的獨特之處，其色帶可平行於晶體底面，也可環繞C軸方向。當紅色被綠色包圍時，橫截面就像西瓜一樣，我們又稱之為「西瓜碧璽Watermelon Tourmalines」。

還有一種深綠的的鉻碧璽，由於是鉻致色，在CCF下可呈現紅色，也常做祖母綠的仿冒品。產自於非洲。

*多色性：*大多數的碧璽多色性強，取決於顏色和顏色的深度，二色性顏色可以是同一體色的兩種色調，也可以是兩種完全不同的顏色。黃色碧璽通常多色性弱。許多綠色碧璽顯綠色和褐色多色性。

*光澤：*玻璃光澤。

*折射率：*1.62~1.65。

*雙折射率：*0.014~0.021。除非寶石的顏色很深，否則借助十倍放大鏡可在大的原石和成品寶石中看出雙折射。

*光性：*一軸晶負光性 。

*光學效應：*含許多平行纖維或管道的碧璽顯示貓眼效應。

*包裹體：*不規則線狀孔洞和扁平薄膜。不規則的或波狀的初始解理以及癒合裂隙的取向通常垂直於C軸，也有平行於C軸的長管狀包裹體。

*色散：*低。

雙色碧璽

產出和產地: 偉晶岩和其它花崗質岩石。有商業價值的重要產地包括阿富汗、巴西、馬達加斯加、莫桑比克、納米比亞、巴基斯坦、俄羅斯(烏拉爾山)坦桑利亞和美國。

處理方法： 用熱處理和輻照來改善顏色。
譬如：某些綠色和藍色碧璽可透過加熱變淺，而有些紅色調的可透過輻照加深顏色。

電氣石的吸收光譜：

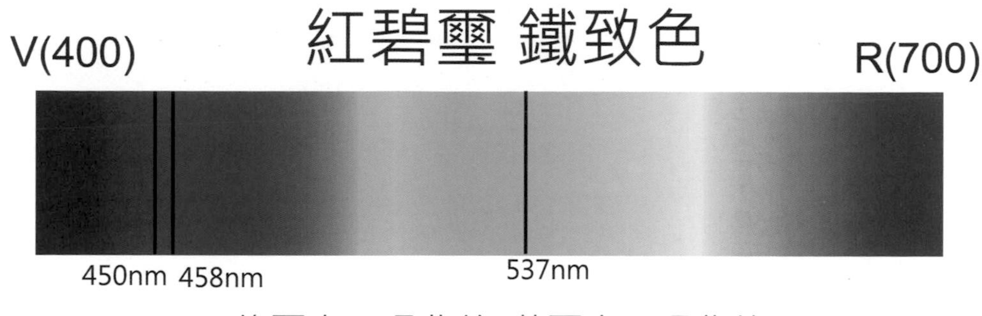

碧璽的種類有：

1. 紅碧璽：紅色。
2. 藍碧璽：藍色。
3. 帕拉伊巴：亮藍色至綠色。
4. 西瓜碧璽：粉紅色跟綠色混雜。
5. 鋰碧璽:各種顏色,最常見的品種。
6. 鎂碧璽：綠色、棕色至黑色。
7. 黑碧璽：黑色。
8. 現象碧璽：變色Color-Change、貓眼Cat's Eye碧璽。

處理方式和檢測：

熱處理和輻射： 綠色和藍色加熱後顏色變淺。紅色調輻射後顏色會增強。棕至橙色加熱可變成金絲雀黃。粉紅色至灰藍色的銅碧璽加熱可成為電藍色和綠色帕拉伊巴碧璽。

二色鏡： 不同色調的體色，除了黃色多為強多色性。

折射儀： 高雙折射率 0.014 ~ 0.021。

常見小問題：

Q：是不是紅綠兩個顏色的碧璽就叫西瓜碧璽？

A：其實不是的，兩個顏色有時是發生在晶體的兩端，筆者早年時曾經買到中間綠色外圈紅色的碧璽鬧過笑話，因此這種就不能叫西瓜碧璽喔，西瓜應該是綠皮紅肉吧！

磷灰石
Apatite

據說磷灰石能發出比電氣石高出一百倍的負離子，可化解體內凝滯不通的能量，導向正常流向的能力。也被當作是信賴、自信和調和的象徵。

*化學成分：*含有氟、氯或者輕基的磷酸鈣。

*晶系：*六方晶系。

*結晶習性：*很像六柱石的晶型，通常為六至十二面的柱狀，連接於雙錐、軸面或斷口，常出現裂隙或磨損，且有暈彩裂隙貫穿。顏色通常很鮮豔，有藍色、黃色、綠色、紫色和白色，時有貓眼效應。其藍色品種常作為帕拉伊巴碧璽的仿冒品。

*透明度及光澤：*玻璃光澤，透明或半透明。

*比重：*3.17~3.23。

*折射率：*1.63~1.64。

*雙折射率：*0.002~0.006太小很難辨別。

*光性：*一軸晶負光性。

*硬度：*5，磷灰石的硬度較低，容易受到刻劃和磨損。

磷灰貓眼

*解理：*有四個方向，屬於不完整的底部柱狀解理。

*二色鏡：*藍色及藍綠色時常會呈現藍色調，綠色調或黃色調的二色性。

*光譜：*稀土元素光譜，在黃色區域可見細線。稀土元素會造成藍色品種在紅色區域、橙色區域、綠色區域呈現寬帶。

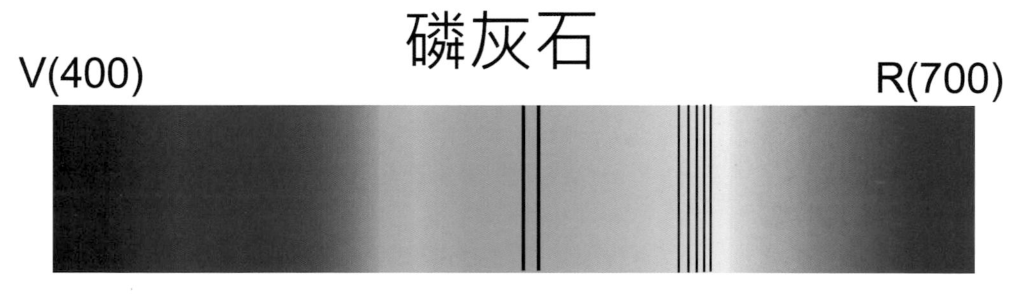

*UV紫外光：*LWUV黃色寶石會呈現粉紅色螢光，綠色和紫色寶石呈現綠色調的黃光，藍色寶石呈現藍色螢光。磷灰石外觀常會跟螢石、金綠寶石、碧璽、拓帕石、鋯石及六柱石搞混，但可以用分光鏡、折射儀做區分。

黃色磷灰石在LWUV365nm螢光下呈現粉紅色

*產地：*巴西、緬甸、加拿大、墨西哥、斯里蘭卡、美國、馬達加斯加。

常見小問題：

Q：常常看到磷灰石晶體也是六方柱，跟六柱石好像，要怎麼區分？

A：磷灰石是六方錐，而六柱石常常中止於底軸面，柱面上的蝕坑也是六柱石可以分辨的特徵。

方柱石
Scapolite

方柱石是一個類質同像系列的鈉鈣矽酸鹽組成部分，其端元包含鈉柱石Marialite和鈣柱石Meionite。方柱石的性質隨著組成分而產生變化。

有三個方向易發生解理，硬度約6(易碎)，儘管可以呈現良好形狀的晶體，但大部分都有粗糙或不平整的表面，原石亦有可能是水蝕卵石。

*顏色：*可以有黃色、無色、粉紅色、紫色，還有可能呈現貓眼效應。

*具有相似外觀的寶石有：*石英(紫水晶和黃水晶)、長石、六柱石、拓帕石

分辨的測試：

*折射儀：*石英和方柱石具有類似的折射率，但方柱石是一軸晶負光性，而石英為一軸晶正光性。

*紫外光：*黃色品種在短波紫外光下呈現帶紅色調的螢光，以及在長波紫外光下呈現黃色的發光，而黃水晶呈惰性。

*二色鏡：*粉紅色和紫色品種呈現強多色性，二色性顏色為深藍色和淡紫的藍色，黃色寶石中可見到黃色和淡黃色或無色的二色性。

分光鏡：

粉紅和紫色品種在紅區呈現兩個吸收帶，黃區有一個寬吸收帶。

紅區有二條吸收線

方柱石貓眼

常見小問題：

Q：方柱石的折射率跟石英接近，很難分辨怎麼辦？

A：這個時候就要注意到光性的問題了，石英是一軸晶正光性，而方柱石是一軸晶負光性，螢光反應也是方柱石的明顯特徵，石英是沒有的。

拓帕石(黃玉)
Topaz

其實英文的Topaz源自於希臘文的Topazios。拓帕石是十一月的生日石，在西元1969年美國德州立法將藍色拓帕石設立為德州的代表石。一般來說藍色的拓帕石都帶有灰色調，因此常常把無色或淡藍色的拓帕石輻射加熱處理，以產生鮮豔的藍色，拓帕石的藍又分為瑞士藍Swiss Blue、倫敦藍London Blue、天空藍Sky Blue。

化學成分： $Al_2(F,OH)_2SiO_4$含羥氧基的鋁氟矽酸鹽。物理性質隨氟和羥基的相對數量而變化。這些變化發生在所有顏色中，因而把特定的RI與SG值與特定的顏色聯繫起來是不妥的。

晶系： 斜方晶系(常為菱形橫截面)。

解理： 完全和易劈裂，平行於底軸面。在礫石、刻面寶石和晶體中常可看到僅一個方向。

托帕石晶體的形狀、晶形和解理：

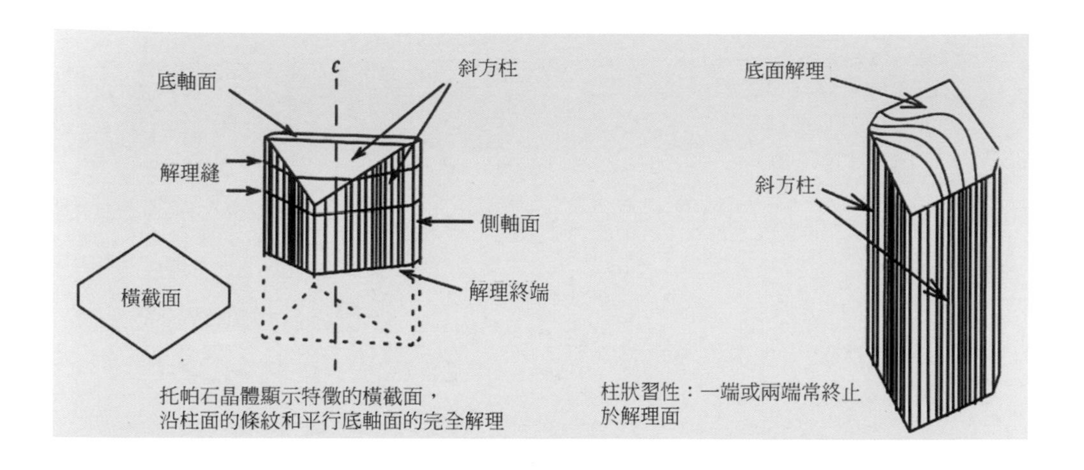

硬度： 8。

比重： 3.5~3.6。

多色性： 明顯。表現為體色的不同強度。深黃色拓帕石可顯示粉紅色和黃色多色性。

原石底面完全解理

顏色和品種： 紅、橙、黃、褐、藍色和無色，少見綠色。產自巴西Ouro Preto的黃色和褐色拓帕石含少量鉻，可透過熱處理成粉紅色，也偶爾為紅色。現在市場上的許多藍色拓帕石是用某些天然無色拓帕石處理而成。這是先用輻照處理成褐色，再加熱處理成藍色。

加熱處理的藍色托帕石

折射率： 無色藍色褐色1.61~1.62。黃色橙色粉紅色1.63~1.64。

雙折射率： 0.008~0.010。

含有金紅石針狀物包裹體

光性： 二軸晶正光性。

光澤： 玻璃光澤。

色散： 低0.014。

包裹體： 具兩不相容液體的孔洞對拓帕石來說，是典型的(雖然不常見)；寶石可含長管狀孔洞癒合裂隙、初始解理。

產地： 拓帕石產於世界各地，常與其它寶石一道產出在偉晶岩中。巴西是最重要的產地。其它有商業意義的產地包括澳大利亞、日本、馬達加斯加、墨西哥、緬甸、尼日利亞、巴基斯坦、俄羅斯、斯里蘭卡、美國和辛巴威。

加工： 拓帕石的解理很完全和易劈裂，故切磨、處置和鑲嵌時要小心以免損傷寶石。

常見的處理方法：

加熱: 將黃色到棕色的含鉻拓帕石熱處理，其黃色部分在處理過程中被去除，剩下鉻就導致呈粉紅色。

*輻射：*無色拓帕石經輻照後變成黃色和棕色(會褪色)，在進行熱處理就變成藍色(無法與天然區分)。

*塗層：*各種顏色及暈彩效應。

塗層拓帕石

測試方式：

*二色鏡：*不同強度的體色，二色性或三色性。

*CCF：*經處理的拓帕石呈現淡肉色或黃色(可與海水藍寶區分)。

常見小問題：

Q：拓帕石跟無色水晶眞的好像怎辦？裡面還常常有一樣像髮晶的包裹體呢？

A：拓帕石是斜方晶系，水晶是三方晶系，以原石來說如果晶形完整不難分辨，如果是已經切磨好的寶石就得以折射率跟比重來測得了。金紅石包裹體兩者都會有，千萬不要以為是鈦晶的專利。

金紅石包裹體

方解石
Calcite

在十九世紀英國水手們，在夏威夷火山口發現閃閃發光的方解石，誤以為是鑽石，因此方解石又稱作夏威夷鑽石。

通常為白色的，亦見其他顏色及條帶品種。

還有石灰岩、大理石Marble、條紋大理石(就是條帶狀方解石)、冰洲石Iceland Spar。石灰岩是屬於沉積岩，以方解石形式的碳酸鈣組成。在寶石行業中，裝飾性的石灰岩被稱為大理石Marble，例如：貝殼大理石是一種含有暈彩化石貝殼。而大理石是經過熱跟壓力同時作用而再結晶的石灰岩。條紋大理石是在泉水或洞穴中沉積下來的條帶狀方解石。在市面上很多條紋大理石是染色的。

化學成分： Calcium Carbonate．$CaCo_3$。
晶系： 三方晶系，通常為菱面體。
結晶習性： 方解石常為晶體或晶簇，但解理發達而產生菱面體。
文石(斜方晶系)見於貝殼及珍珠中，是大理石和石灰岩(多晶質)的同質多像體。
折射率： 1.48~1.66 雙折射率：0.172 非常高。透明的材料常用於光學用途(例如：冰洲石是透明無色結晶良好的方解石，常用作有關二色鏡的光學儀器)。

*比重：*2.58~2.75。

*硬度：*3，很低。

*光澤：*大理石和石灰岩的表面上可見蠟狀、白惡狀或珍珠光澤。如刮劃或摩擦後會呈現白色。在某些晶體或拋光過的大理石和石灰岩表面上會呈現玻璃光澤。方解石是黯淡玻璃光澤。

*測試方法：*觀察初始解理的重影，肉眼可見。

*紫外光：*可見各種顏色發光，強弱不一，常有斑點出現。

常見小問題：

Q：市面上所出售的黃龍玉是甚麼？

A：其實黃龍玉不是玉，是屬於多晶質的石英，也就是黃色的石英岩，現在還有用方解石來做仿冒品的。但基本上跟玉一點關係也沒有。

石 膏
Gypsum

一種硬度只有2的寶石，很少有透明刻面的，且常常容易被刮傷。

化學式：$CaSO_4 \cdot 2H_2O$。

晶系：單斜晶系 。

斷口：貝殼狀斷口 。

硬度：2。

比重：2.31~2.33。

折射率：1.52~1.53。

產地：美國、墨西哥、德國。

有一品種叫沙漠玫瑰Desert Rose呈現穿插的花瓣形狀，非常受到礦物學家喜愛。

其他的顏色跟品種

雪花石膏(Alabaster)：

有白色、粉紅色、黃色、棕色，也有黑色紋理或色斑，常常會被染色。

纖維石膏(Satin Spar)：白色至乳白色，有貓眼效應。

透明石膏(Selenite)：以白色居多，其他顏色罕見。

透明石膏由菱形輪廓的板狀晶體構成，常常呈現燕尾狀或茅尖狀雙晶，存在一個極好的解理方向和兩個清晰的解理方向。

化學成分： 含水的硫酸鈣。

晶系： 單斜晶系。

折射率： 1.52~1.53。

雙折射率： 0.010，二軸晶正光性。

比重： 大約 2.3。

歐泊(蛋白石)
Opal

是十月份的生日石，其遊彩現象Play Color是蛋白石特有的現象，又稱為變彩現象。主要是由於光線進入到蛋白石裡的二氧化矽球體之間的孔隙中的水，而產生光的干擾現象所產生的。

*化學成分：*二氧化矽(SiO_2)。

黑蛋白石

*結構：*蛋白石是屬於非晶質的寶石，由規則排列的二氧化矽小球體組成，含有10%左右的水，形成於大約三千萬年以前的地底層中，所以它怕熱怕乾燥，當它失去水分的時候就會產生裂紋，此時就算再放入水中也無法恢復。主要的顏色有白色、黑色及橙色，其產生的變彩取決於球體尺寸和排列的一致性

*硬度：*6。

*比重：*黑蛋白石和白蛋白石為2.10左右。火蛋白石為2.00左右。

*顏色和品種：*背景色可有近乎黑色、灰色、半透明白色、或透明無色；也有其它各種顏色的，特別是橙、黃、褐和藍色。「黑」蛋白石包括灰、暗藍和暗綠色。「白」蛋白石用於淺色調的。

衣索比亞蛋白石

*透明度：*透明到不透明。

*光澤：*玻璃光澤。

*光學效應：*變彩。

*折射率：*1.44~1.46；單折射。火蛋白可低至1.40。

*發光：*白蛋白石和普通蛋白石在長波和短波紫外光下發白、淺綠、淺藍或淺褐色螢光，可有磷光，有時持續時間較長。黑蛋白石通常呈惰性。火蛋白石可顯綠褐色螢光。大多數天然白蛋白石在經長波紫外光照射後會有綠色磷光，而「合成蛋白石」則沒有。

白蛋白石

*加工：*大多數品種加工成弧面寶石、珠子和雕件。火蛋白石可加工成刻面寶石通常台面稍上凸，用天然蛋白石製作的拼合石也常見。

*產出：*蛋白石是從低溫含二氧化矽水溶液沉澱到岩石的的孔洞和裂縫中。蛋白石可交代化石或可溶礦物等已有的結構。

*產地：*澳大利亞的新南威爾士、南澳大利亞和昆士蘭。巴西和美國也產變彩蛋白石。

火蛋白石主要產於墨西哥。從古羅馬時期直到十九世紀末在澳大利亞發現蛋白石為止，蛋白石採自匈牙利的一個礦區。少量的蛋白石也見於尼日利亞和索馬里。

蛋白石的品種：

貴蛋白石

*貴歐泊：*在淺色或深色背景上顯示不規則的暈彩色斑。這些色斑呈絲絹光澤並有平行的條紋。例如：黑蛋白與白蛋白。

*火歐泊：*透明到半透明的褐黃色、橙色、紅橙色品種，若有變彩價值更高。主要產自墨西哥。

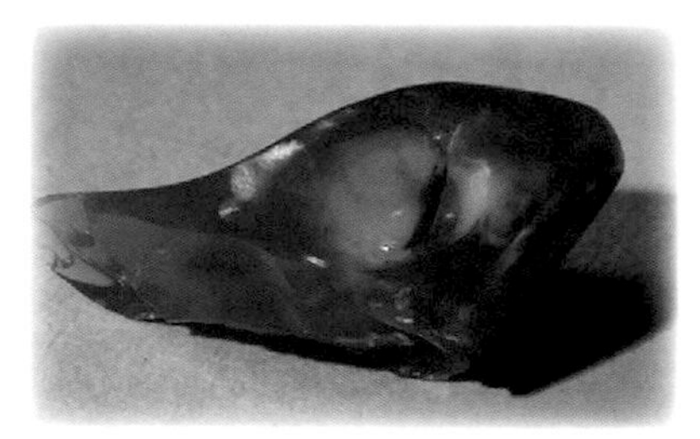
火蛋白石

*其他品種歐泊：*不顯變彩，但因體色受人喜愛。包括：綠、紅、粉紅、藍、黃。

*礫背歐泊(Boulder Opal)：*由含貴歐泊薄層的岩層組成，與成行於其中的主岩石連接在一起，以脈石為背襯無法切開。

脈石歐泊(Matrix Opal)：整塊歐泊以填充物形式散佈於主岩石空隙或紋理之間。

水歐泊(Water Opal)：透明，體色為無色或淡黃色，有變彩效應。

曇白歐泊(Hydrophane)：淺色不透明，必須浸泡水中才會呈現不透明外觀及變彩效應。

彩紋歐泊(Harlequin Opal)：具有乳白色背景，小的色點形成了色調變化的馬賽克。

蛋白石貓眼：

顯示貓眼效應的淺色歐泊：貓眼光帶可來自被貴蛋白石交代的纖維狀材料。也可來自貴蛋白石中呈纖維狀平行排列的方英石(立方晶系)或二氧化矽膠粒。

顯示貓眼光帶的彩紋歐泊：貓眼光帶來自黑色或暗色歐泊上條帶狀分佈的彩片，它們形成了定向反射的閃光條帶。

天然歐泊的拼合石：

二層石：天然歐泊＋深色石頭(基底材料)。

三層石：二層石＋玻璃/石英透明頂層。

其他拼合方式：

馬賽克歐泊：將小而扁平或形狀不規則的的天然歐泊片黏著在深色的基底上，或包含於樹脂中。

歐泊碎片拼合石：若干小的歐泊片植入純淨塑膠而成(邊緣易鑑定出氣泡及漩渦)。

蛋白石的處理：

1.染色。

2.糖汁處理：浸糖水後用硫酸脫水，而糖中的碳作為黑色沉積保留在歐泊的裂縫中。

3.灌注：歐泊常因失水而裂開，浸油可掩藏裂紋(白歐泊可灌注塑膠獲得變彩）。

合成蛋白石：

吉爾森合成蛋白石： 具有六邊形蜥蜴皮構造。側面會有柱狀結構。

檢測方法：

觀察變彩效應。

折射儀。(較不建議)

常見的相似外觀材料為斯洛卡姆玻璃(Slocum Stone)及吉爾森合成蛋白石。

染色歐泊

六邊形蜥蜴皮構造

柱狀結構

翡翠(硬玉或輝玉)
Jadeite

翡翠源自於傳說中住在清流，擁有鮮豔翠綠色羽毛的翡翠鳥。在中國翡翠象徵著皇帝以及當時的權力者。

化學成分：$NaAlSi_2O_6$鈉鋁矽酸鹽。

*晶系：*單斜晶系。

*結晶特性和產出：*多晶質。它是變質岩並以礫石形式產出於沖積層中。具韌性和顆粒狀交織構造，早期拋光後產生「橘皮效應」。

*硬度：*7左右。不同晶體有稍微的方向性差別。

*比重：*3.30~3.36。

*光澤：*油脂光澤到亮玻璃光澤。

*顏色：*白、淺紫、紫、紅、橙、黃、褐、淡綠色、鮮綠色、深綠色到黑色以及藍色。翡翠礫石可顯示斑染狀的幾種顏色。外表面的風化形成褐色的「皮」。半透明到近透明的祖母綠，綠色品種是最珍貴的，稱為「特級玉」。

吸收光譜：(鮮艷的綠色品種)藍、紫區有一條強線。綠色翡翠是由鉻致色，有典型的鉻吸收譜，在紅區有雙線，有時藍區有一條437線。

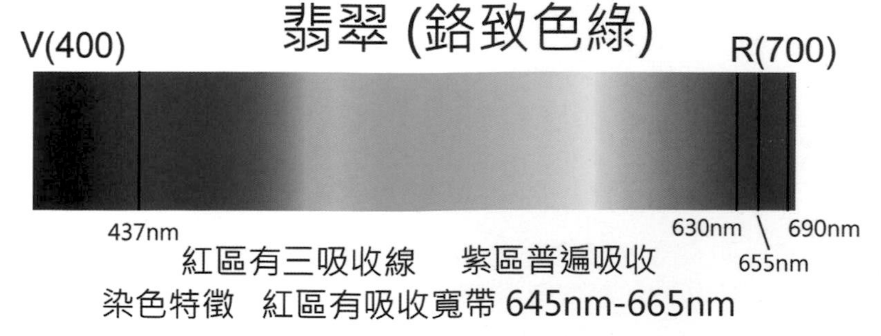

*透明度：*透明(很少見)、半透明到不透明。

*偏光鏡：*放在正交偏振濾光片之間的半透明多晶質翡翠在所有位置上都透光。

*產地：*主要的有商業意義的產地是緬甸、瓜地馬拉與俄羅斯，也產於日本和美國(加州)。

*加工：*岩石中隨機取向的晶體顆粒，其差異硬度導致了拋光後的「橘皮效應」。現今高轉速拋光技術已經不容易看見。若沒有拋光僅直接踞開，則可見到所謂的「蒼蠅翅膀」現象。

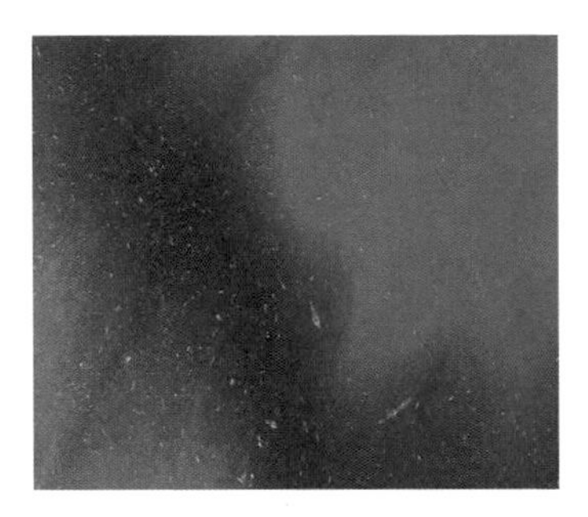

常見處理：

A貨：天然、浸油蠟(無色)。

B貨：酸處理(次生礦物去除)、灌膠。

C貨：染色。

B+C貨：B貨+C貨。

浸蠟處理：浸無色蠟是傳統的方法，已被商界所接受。

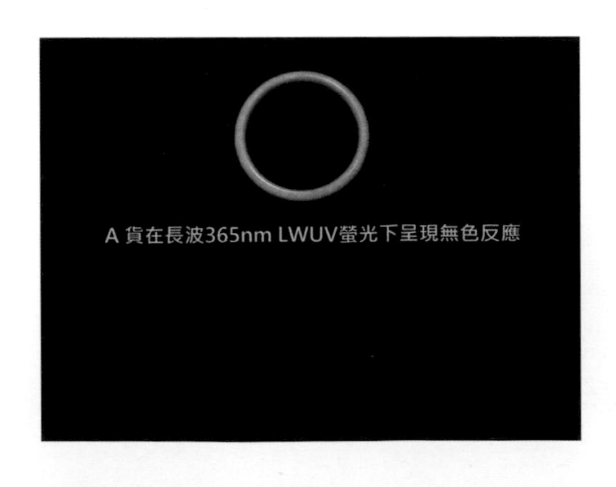

A 貨在長波365nm LWUV螢光下呈現無色反應

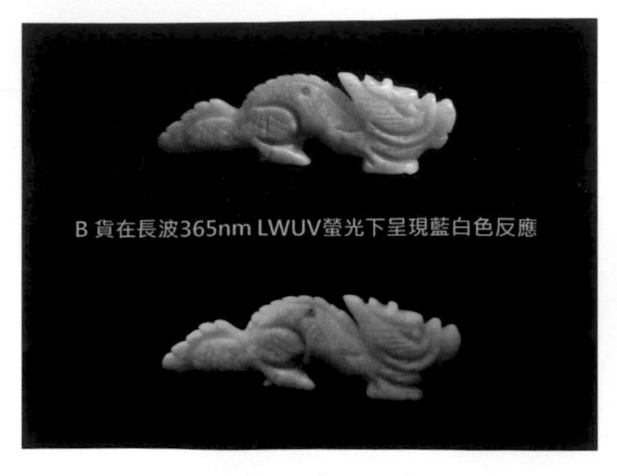

B 貨在長波365nm LWUV螢光下呈現藍白色反應

B+C 貨在長波365nm LWUV螢光下呈現霉綠色反應

翡翠的仿冒品比較：

名稱	RI	SG	H
翡翠	1.66	3.33	7
軟玉	1.62	2.8-3.1	6.5
鮑文玉	1.56	2.6	5.5
皂石	1.55	2.7	1-2.5
砂金石英	1.55	2.65	7
綠色玻璃	1.50-1.70	2-4.2	5.5-6
水鈣鋁榴石	1.70-1.73	3.3-3.6	7.25

翡翠常被仿冒。常見仿冒品包括半透明祖母綠、玉髓、砂金石英、鮑文玉和其他蛇紋石以及玻璃和塑料。

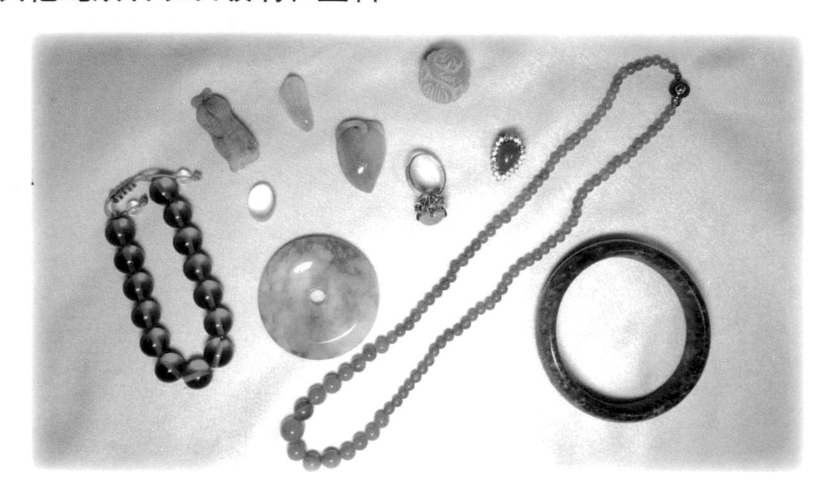

種／品種	大致折射率	大致比重	查爾斯濾鏡		典型包裹體	吸收光譜	偏光鏡鏡旋轉	螢光反應	其他特徵
			粉紅	綠					
硬玉	1.66	3.33		是		紅和紫區有吸收帶	亮	有時可能有	
軟玉	1.62	3.00		是	可能有黑色礦物	綠藍區有509nm 吸收帶	亮	無	
染綠色硬玉	1.66	3.33	有些			紅區有一條吸收暗帶	亮		
染淡紫的硬玉	1.66	3.33					亮	長波紫外光線中可能為橙色	
東菱石	1.53	2.60	是		鉻雲母	紅區和橙區可能有帶	亮		
綠玉髓（澳洲）	1.53	2.60		是		橙區可顯示帶	亮		
鉻玉髓	1.53	2.60	是			紅區有鉻譜	亮		
染色玉髓	1.53	2.60	是			紅區有模糊的帶	亮		
祖母綠	1.57	2.70	有些		見有關章節	紅、綠、藍區有吸收帶	四亮四暗		有多色性
水鈣鋁榴石	1.73	3.45	有些		黑色斑點和斑瑰	橙、藍區有帶	亮	X- 射線下顯橙色	
玉符山石（符山石）	1.70	3.40		是		藍區有強帶	亮		

菱鋅礦	1.62	4.35		是					
鈉黝簾石岩	1.57 1.70	2.80 3.40				藍區可顯示帶		白色斑塊在短波中可能為暗紅色	
蛇紋石	1.49 1.57	2.55 2.80		是	可能含黑色斑點	藍區可顯示帶			油脂光澤
鈉長硬玉	1.53	2.77							
螢石	1.43	3.18	有些		初始解理		暗	長波中可有強藍白色螢光	
葡萄石	1.63	2.87		是	放射纖維結構		亮		
天河石	1.53	2.56		是	光彩現象				
玻璃	變化的	變化的		是	氣泡和漩渦		暗		斷面上為玻璃光澤

常見小問題：

Q：Maw-Sit-Sit 摩西西是翡翠嗎？

A：Maw-Sit-Sit 摩西西不是翡翠，它是一種由長石、輝石與閃石聚合在一起的礦物，主要成分都未達50%，不是翡翠。

軟玉(閃玉)
Nephrite

硬玉跟軟玉的區分是在十九世紀的法國礦物學家德穆爾，對翡翠跟和闐玉做物理性質及化學成分的分析，將玉石類分成Jadeite和Nephrite，硬玉是屬於輝石類，而軟玉又稱為閃玉。其實硬度在硬玉6.5~7跟軟玉6~6.5並沒有差很多。

軟玉遍佈世界各地，台灣玉是透閃石跟陽起石交錯生長的軟玉種類，60年代在豐田的礦區發現。加拿大盛產優質軟玉，新疆的白色軟玉也深得喜愛，另外有朝鮮、紐西蘭、俄羅斯(西伯利亞)和美國(懷俄明州)。

*化學成分：*含氫氧基(OH)的鎂鈣矽酸鹽。鎂可大量被鐵置換，通常含鐵成分高顏色會較為濃郁，含鎂成分高則顏色較淺。

*晶系：*單斜晶系。

*結晶特性和產出：*由陽起石 – 透閃石系列的微細纖維狀晶體的交織塊體組成的岩石。因交織結構而具高韌性。軟玉是變質岩，可呈幾米厚的礦體，也呈沖積礫石或卵石產出。

*硬度：*6.5。

*斷口：*特徵的不均勻或稱「參差狀」斷口。

*比重：*2.8~3.1。

*顏色和品種：*包括白到暗綠、褐、橙、藍灰和黑色。綠和褐色是由鐵導致。沿礫石裂縫和表面的風化能產生褐色的皮。「葬玉」是在晚史前時期到早期史前時期加工的材料。隨後的埋藏使材料在土壤和墳墓條件下變成黃褐、粉褐或灰褐色。

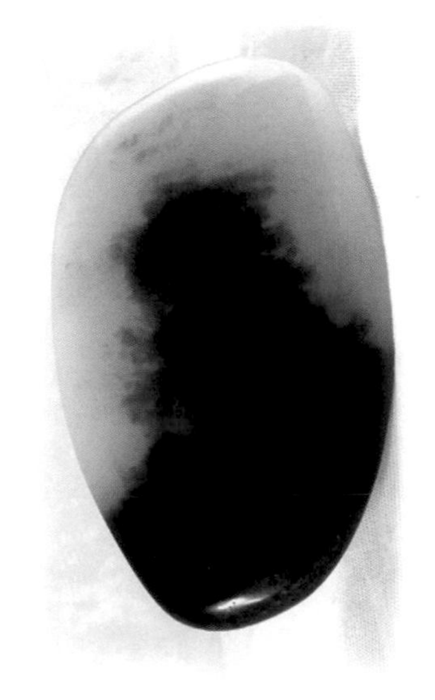

*光澤：*油脂光澤到玻璃光澤。

*折射率：*1.62左右。

*雙折射率：*雙折射晶體的隨機取向，使放在正交偏振濾光片之間的半透明軟玉在所有位置上都透光。

*透明度：*半透明到不透明。

*包裹體：*軟玉中常有黑色礦物包裹體。

*處理：*軟玉可透過加熱或化學處理以產生老貨的外觀。

*加工：*弧面寶石、珠子、裝飾用雕刻品用於首飾的小雕件。

*仿製品：*仿製品包括玉髓、鮑文玉和其他蛇紋石以及玻璃和塑料。

蛇紋石
Serpentine

蛇紋石透明度高且韌度強，這種塊狀的礦物集合體主要成分是蛇紋石，其次有方解石、綠泥石、透閃石、鉻鐵礦、透輝石、滑石等等，由英文Serpent 蟒蛇之意而命名，然而因為每個地區的礦物成分不同，所產出的外觀也不同。

礦物學家感興趣的有兩種形式：

一、蛇紋大理石：這是一種蛇紋石跟其他礦物的混合物，淡綠色或深綠色、棕色、紅色、黑色都有，常帶有紋理跟斑駁的顏色。

二、另一種是堅硬的塊狀形式的鮑文石Bowenite：通常呈現帶黃色調的綠色，也有帶深綠色至藍色調的綠色，可用做玉的仿製品。

*化學成分：*含水的鎂矽酸鹽。

*晶系：*單斜晶系。

*習性：*隱晶質塊狀。

*斷口：*均勻到鋸齒狀斷口。

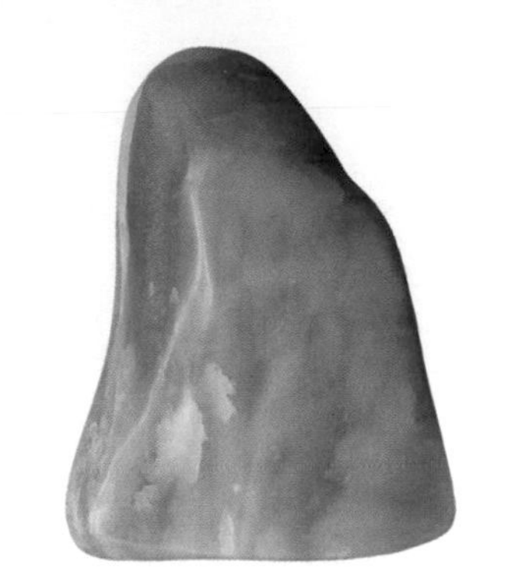

*硬度：*軟，約2~5.5；鮑文玉約5。

*比重：*2.4~2.8，鮑文玉約2.6。

*光澤：*臘狀或油脂光澤。

*透明度：*半透明到不透明。

*折射率：*大致為1.56~1.57。

*產地：*喀什米爾、希臘、義大利、美國，特別是產自英國的康沃爾郡Cornwall 蜥蜴Lizard地區的樣品有紅色跟棕色的。

*加工：*雕刻品和首飾用雕件以及弧面寶石，常常作為翡翠或軟玉的仿冒品。

*處理方式：*可用無色填料灌注或染色，以改善外觀。

*具有相似外觀的有：*硬玉、軟玉、玻璃、玉髓。通常藉著光澤、色斑、折射率、比重就可以區分開來。

透蛇紋石手鐲

綠松石
Turquoise

又名土耳其石，Turquoise是源自於法文 Pierre turquoise，並不是此礦石產自土耳其，而是土耳其是運送此礦石去歐洲的必經之地。因為顏色的關係又稱為綠松石。是十二月的生日石。

*化學成分：*含水的銅鋁磷酸鹽，$CuAl_6(PO_4)_4(OH)_8 5H_2O$。也含一些鐵

*晶系：*三斜晶系。

*習性：*綠松石葡萄狀結核生長物礦脈產出在乾旱地區，多是在褐鐵礦基質中。這種微晶質材料通常是多孔的。

*解理：*在塊狀習性中不見解理。

硬度：$5\frac{1}{2}$~6。

*比重：*2.4 ~ 2.9，取決於產地。許多材料適用樹脂做了穩定化處理(染色和灌注)的，這改變了比重(SG)。

*折射率：*大致為1.62。注意，一般情況下不應該讓綠松石接觸折射液。

*光澤：*蠟狀到瓷狀光澤。

*顏色：*顏色變化從深天藍到藍、藍綠和綠色。

顏色是由銅(藍)和鐵(綠)所致。

產地：

伊朗(原波斯)：產最佳的藍色材料，顏色濃度深，綠色不明顯，非常受市場歡迎。

埃及：綠藍或綠色。就外表而言，被認為最好是半透明的並幾乎為玻璃光澤的綠松石。

英國：多孔隙。

美國：產自內華達、亞利桑那和加利福尼亞的材料通常是淡藍色的，但有時是綠色的。許多美國綠松石是軟的、易磨成粉末的，通常用樹脂黏結，使SG降為2.2~2.5。

*其它產地：*中國湖北以及新墨西哥、俄羅斯及印度。

處理方法：

綠松石常用石蠟化合物進行注油或注蠟處理，也常作染色處理。特別多孔的材料有時灌注塑料、樹脂或膠態氧化矽以改善其耐久性，這被稱為經穩定化處理的綠松石。染色通常是同時進行。

綠松石的灌注處理是難於檢測的，但經過這種處理的綠松石擁有超過正常的透明度，這就像一張紙卡接觸油後變得更為半透明一樣。

青金岩
Lapis Lazuli

Lapis Lazuli是藍色石頭的意思。青金岩上通常有灑金跟白點點，其實那是黃鐵礦Pyrite跟白色方解石Calcite共生，這讓青金岩更加美麗。產於阿富汗的青金岩已經有超過六千年的歷史了，具有美麗的深藍色，但因為硬度只有 5 ½，目前都被加工成弧面或珠子以及雕件。

*化學成分：*主要由青金石、藍方石和方解石，以及一些黃鐵礦組成的變質岩。

*晶系：*青金石和藍方石是含有硫跟鈣的等軸晶系的鈉鋁矽酸鹽礦物。會產生不均勻有參差狀斷口。

*顏色：*在粗粒材料中可為藍、白斑點狀，拋光表面會呈現玻璃光澤至樹脂光澤，通常為不透明，少見半透明。

*比重：*2.7~2.9。

*折射率：*大致為1.50。

*硬度：*約5.5。

*發光：*SWUV下可發淺綠或白色調的螢光。

青金岩中的方解石在LWUV下可發橙色螢光在CCF下呈紅棕色。

*包裹體：*黃鐵礦的淺黃色斑點幾乎總是存在。大部分的理想材料都有均勻濃烈的藍色並伴有淺色的「灑塵狀」黃鐵礦晶體。

*處理：*染色和上臘。磨碎的材料可用塑料黏結，但物理性質會完全不同。

具有相似外觀的材料：

瑞士青金岩Swiss Lapis(染色碧石Dyed Jasper)。

燒結合成尖晶石(Sintered Synthetic Spinel)。

吉爾森合成青金岩(Gilson Synthetic Lapis Lazuli)。

方鈉石(Sodalite)。

再造青金岩(Reconstructed Lapis Lazuli)。

染色矽硼鈣石(Dyed Howlite)。

染色菱鎂礦(Dyed Magneslite)。

方鈉石
Sodalite

方鈉石以作為青金岩的一個組成分而為人們所熟知，是一個含氯的複合鈉鋁矽酸鹽的藍色品種，通常具有白色及粉紅色紋理，屬立方晶系。在塊狀材料中找不到解理，但可呈現貝殼狀至不均勻狀斷口。也常常被染色，具有相似外觀的有青金岩、染色的菱鎂礦、染色的矽硼鈣石。

測試方法：

*紫外光：*方鈉石在長波365nm紫外光下會發光，帶有橙色色斑。

*觀察：*一般來說方鈉石都比青金岩要略為半透明，但是沒有青金岩中常見的粒狀外觀。

*折射率：*1.48。

*比重：*約2.3。

*硬度：*5.5~6。

莫爾道玻隕石
Telktite

又稱玻隕石或隕石玻璃Telktite或摩達維石Moldavite。在捷克發現的摩達維石又稱為捷克隕石。

*顏色：*綠色到綠褐色、灰綠都有。

*化學成分：*含鈉、鉀和其他元素的二氧化矽玻璃。

*斷口：*貝殼狀斷口。

硬度：$5\frac{1}{2}$。

*比重：*大致為2.4。

*光澤：*玻璃光澤。

*透明度：*透明到不透明。

*折射率：*大致為1.5。

*包裹體：*常見到拉長的氣泡內含物。

鋰輝石
Spodumene

*化學成分：*鋰鋁矽酸鹽$LiAl(SiO_3)_2$。

*晶系：*單斜晶系。

*結晶習性：*柱狀習性，可見表面有三角形蝕坑。

*解理：*完全柱面解理，交角近90度，在加工時易造成困難。

*折射率：*1.66~1.68，雙折射率0.015。

*斷口：*半貝殼狀斷口。

*比重：*3.18。

*硬度：*7。

*光性：*二軸晶正光性。

*光澤：*玻璃光澤。

*顏色：*粉紅到紫色、黃色、綠色、無色。

其紫色品種又叫孔賽石Kunzite。孔賽石當初是在西元1902年紐約的一位珠寶商George Frederick Kunz的姓氏命名的。因含有錳致色而呈現粉紫色， 又叫紫鋰輝石，但會隨著時間流逝而變淡，在市場上常會照放射線以維持顏色的穩定。聽說有脫離緊張、增強自我內心平靜的療效。

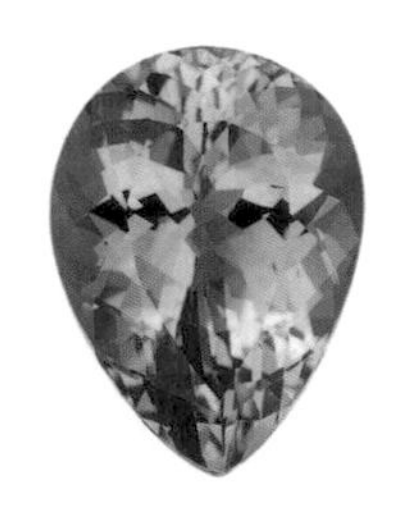

鋰輝石

V(400) R(700)

432nm 438nm

紫區有二吸收線

*多色性：*很強，粉紅–紫色。

另外，有翠鉻鋰輝石Hiddenite，顏色呈微黃到綠色，有些綠色稱為Lithia祖母綠，由於含鉻致色，因此有鉻的吸收光譜。

堇青石
Lolite

早期出海的人利用堇青石的偏光物理性質，來確定太陽的位置以辨識方向。又稱為海盜石。由於有強多色性，在不同的方向一端成藍寶石似的藍紫色，另一端又淡如淺黃色，所以常被誤認為是藍寶石，因此又叫作「水藍寶石 Water Sapphire ，容易與同樣三色性的丹泉石所混淆。

*化學成分：*鎂鋁矽酸鹽$Mg_2Al_3(AlSi_5O_{18})_4$。

*晶系：*斜方晶系。

*結晶特性：*有晶面的晶體不多見，通常是水蝕卵石或無晶型的碎塊。

解理和斷口：不明顯的解理；不均勻斷口；易碎。

*硬度：*7.5。

*比重：*2.57~2.61。

*顏色：*藍色，少數為無色。

*多色性：*強。

*二色性或三色性：*藍、紫和淡黃色。

吸收光譜：

堇青石

V(400) R(700)

436nm 456nm 492nm 535nm 585nm 593nm

橙區有一吸收暗線 黃區有一吸收線 綠區有一吸收線
藍紫區有吸收窄帶

*光澤：*玻璃光澤。

*透明度：*透明到半透明。

*折射率：*1.54~1.56。

*雙折射率：*0.008~0.012。

*包裹體：*平行排列的氧化鐵薄片(血點堇青石)。
不同取向的波狀裂縫和癒合裂隙。

*加工：*刻面寶石、珠子和弧面寶石。

*產地：*印度、馬達加斯加、緬甸、挪威和斯里蘭卡。

藍晶石
Kyanite

藍晶石與斜方晶系的紅柱石和矽線石皆為矽酸鋁Al_2SiO_5，是屬同質多像體，顏色從淡藍色至明亮的藍寶石色調，還有淡綠至鮮綠色，可看到較強的中心色帶，是藍晶石的識別特徵。

藍晶石晶體呈現刀片狀，三斜晶系，在一個方向上解理。

*有獨特性的方向性硬度：*沿刀片狀的晶體圓面長度方向的硬度大約為5，而沿橫截面方向硬度為7，很明顯的差異硬度，這也是為什麼藍晶石很難切磨為刻面寶石鑲嵌，而是切磨為弧面或珠子。

*產地：*中國、印度、美國、巴西、緬甸、尼泊爾。

測試方法：

*二色鏡：*藍晶石呈現強三色性：淡藍色或無色、紫藍色，強深藍色。

*CCF：*粉紅色。

有些藍晶石是鉻致色，其折射率及雙折射率會高於常見範圍，分光鏡下紅區顯示吸收帶，紫外光下呈現強烈的紅色螢光。

人造玻璃
Glass

*化學成分：*人造的帶氧化鉛的二氧化矽玻璃。

*斷口：*貝殼狀斷口。

*硬度：*通常為摩氏硬度的6或低於6。

*比重：*在2.0和4.2之間。

*顏色：*各種顏色。

*光澤：*玻璃光澤。

*透明度：*透明到不透明。

*折射率：*1.50~1.70。

*包裹體：*大的界限分明的氣泡，常為伸長狀；旋渦紋。

*光性：*各向同性。

*偏光鏡：*應變樣式常見ADR。

*加工：*弧面或刻面寶石皆可。

*產地：*人造。

*光學效應：*星閃(砂金效應)–含有三角銅片，又名金星石，常仿冒日光石。

玻璃貓眼是一種利用平行管狀玻璃加熱加壓拉製而成的貓眼效應，常可見到。

玻璃貓眼

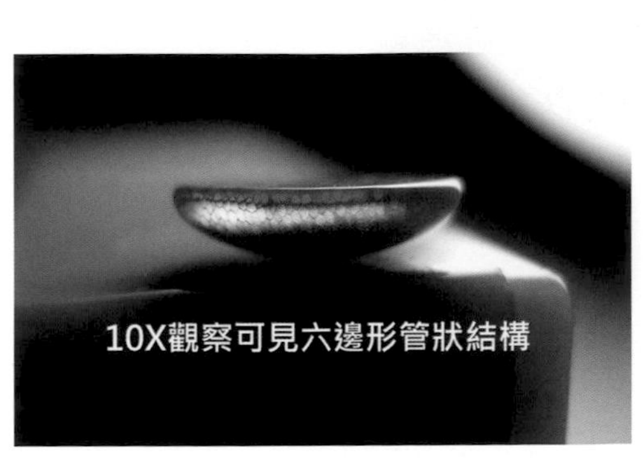

10X觀察可見六邊形管狀結構

天然玻璃-黑曜岩
Obsidian

名為黑曜石並不表示只有黑色的，而是有各種顏色。由於火山噴發後的熔岩急速冷卻還來不及結晶，就形成了非晶質的火成岩火山玻璃。也有人稱之火山琉璃。據說墨西哥在十二~十五世紀流行用磨好的黑曜石鏡子來預測未來，日本繩文時代被拿來做弓箭箭頭使用。

*化學成分：*富有二氧化矽的火山玻璃。

*斷口：*貝殼狀斷口。

*硬度：*5。

*比重：*大致為2.4。

*顏色：*淺褐到淺黑色，可以是斑點狀或條帶狀。

*光澤：*玻璃光澤。

*透明度：*透明到不透明。

*折射率：*大致為1.5。

*光性：*各向同性。

*偏光鏡：*透明品種可顯示應變。

*包裹體：*造岩礦物的微小晶體、枝狀雛晶；可有穩定的界限分明的旋渦紋。

另有一品種雪花黑曜石Snow Flake是在黑色不透明的體色上佈滿白色斜長石的結晶體，狀似雪花。

*光學效應：*光彩或產生彩虹外觀的彩色層。

*產地：*北美、墨西哥、俄羅斯(獨聯體)。

*加工：*滾圓件、弧面寶石和雕件。

彩色黑曜石

常見小問題：

Q：甚麼是綠曜石？

A：其實綠曜石就是綠色黑曜石，其意義跟藍寶石一樣，前面加一個顏色的形容詞；但是市面上有所謂的藍曜石並非天然的，乃是人造玻璃。

菱錳礦
Rhodochrosite

由於常有紅白相間的條帶，有燻肉Bacon的效果，又有人稱之為紅紋石然而通常跟方解石共生，在阿根廷的安地斯山脈所開採的結晶品質最優，顏色像玫瑰花的樣子，因此又叫印加玫瑰。

*化學成分：*MnCo3碳酸錳。

*晶系：*三方晶系

*斷口：*不均勻斷口。

*解理：*是完全的菱形解理(在三個方向)。

*硬度：*4，適合做弧面寶石或雕件。

*習性：*塊狀。寶石級材料的完好發育的晶體不常見。

*比重：*塊狀約3.5，透明材料的約3.7。

*顏色：*塊狀材料是粉紅色的，常為條帶狀。透明材料可以是粉橙色、橙紅色和深紅色。

*多色性：*透明材料可顯示淺黃橙和橙粉色或較深紅和褐紅色。

*光澤：*玻璃光澤。

*透明度：*透明到不透明。

*折射率：*1.59~1.82。

*光性：*一軸晶負光性(– ve)。

*雙折射率：*0.220，對於透明材料，可見背部刻面明顯重影。

*產地：*塊狀的–阿根廷，美國科羅拉多州。透明的–南非和祕魯。

注意事項：菱錳礦與酸會引發強烈反應。不應放入電鍍槽、超音波清洗器或首飾清洗液中。

薔薇輝石
Rhodonite

很少見到透明晶體，通常為塊狀，又有人稱之為玫瑰石。澳大利亞所出產的玫瑰石呈深濃的紅色，透明度又高，被稱為帝王玫瑰石，薔薇輝石有黑色的氧化錳包裹體，成樹枝狀。

化學成分：$MnSiO_3$錳矽酸鹽(矽酸錳)。

晶系：三斜晶系。

習性：塊狀。很少有發育完好的晶體。

斷口：不均勻斷口。

硬度：6。

比重：3.6~3.7。

顏色：粉紅色，常有黑色錳礦物的斑點。當它呈褐色或黃色時，稱為鋅錳輝石。

光澤：玻璃光澤。

透明度：半透明、不透明；很少有透明的。

折射率：大致為1.72。

*產地很多：*墨西哥、美國、俄羅斯(獨聯體)和澳大利亞的Broken Hill，還有台灣花蓮也有出產。美國的麻塞諸塞州Massachusetts特地將薔薇輝石定為州石。

*加工：*弧面寶石、珠子和雕刻品。

孔雀石
Malachite

是銅礦物，具有典型的彎曲同心圓色帶，可見放射狀纖維結構，纖維的長度方向垂直於色帶方向，使寶石具有絲絹光澤。

孔雀石和成分與它相同的藍色礦物–藍銅礦的交互生長，有時稱之為「染藍銅孔雀石Azurmalachite」。孔雀石可成為亞拉特石的組成部分。亞拉特石是包括綠松石和矽孔雀石在內的銅礦物的交互生長。

孔雀石Malachite名字來自希臘的錦葵這種植物，因為種子的顏色跟孔雀石相似，也有人說是因為孔雀羽毛是綠色的而得名。

化學成分：$Cu_2Co_3(OH)_2$含水碳酸銅。接觸鹽酸會有冒泡反應，亦不可放入電鍍槽、超音波清洗器或首飾清洗液中。

*顏色和習性：*由呈放射狀分佈的纖維晶體組成的葡萄狀塊體。有綠色不同色調的同心條帶，這是孔雀石獨一無二的特徵。

*硬度：*4，主要用於硬石鑲嵌、弧面寶石、珠子和雕刻品。

*斷口：*不均勻斷口。

*晶系：*單斜晶系。

*比重：*3.6~4.0。

*透明度：*不透明。

*折射率：*大致為1.85。

*產地：*非洲、澳大利亞、俄羅斯(獨聯體)、美國和尚比亞。

*加工：*要注意的是，孔雀石因為含有銅，在加工時的粉末會使人產生職業病。

赤鐵礦
Hematite

是希臘文Halima血液的意思。其實赤鐵礦原本的體色是褐紅色或黑灰色的，但拋光之後會呈現金屬般的光澤。

在古羅馬時代被尊稱為戰神馬爾斯之石，據說有避免受傷及止血的效果，是戰爭時不可缺少的護身石。通常為不透明，但當把非常薄的切片或碎片放在亮光前時為透明、亮紅色。純淨的赤鐵礦並沒有磁性，但可與磁性礦物共生。

早期用作喪事的珠寶，現在多作為圓珠或項鍊，在台灣的商業名稱又叫黑膽石。只是過於笨重，且戴久了還是會生鏽。

化學成分：Fe_2O_3三氧化二鐵，其鐵含量高達了70%以上。

*晶系：*三方晶系。

*習性：*菱形或板狀六方晶體或葡萄狀塊體。

*光澤：*金屬光澤。

*斷口：*半貝殼狀到參差狀斷口。

硬度：$5\frac{1}{2}$~$6\frac{1}{2}$。

*比重：*大致為5。

*產地：*巴西、英格蘭、義大利的厄爾巴島(Elba)、西班牙、美國。

*加工：*珠子和凹雕。

測試方法：

條痕測試。

粉末狀礦物的顏色通常為帶紅色調的棕色。
在流動的水下切磨時會有紅色的液體，因此德國的寶石切磨師稱之為血石Bloodstone，另外有一種碧石Jasper也叫血石Bloodstone但是是不同的寶石。

市面上有見到首飾商出售的胭脂，就是粉末狀的赤鐵礦。

葡萄石
Prehnite

原名為Preghnite，是第一種以發現者的名字來命名的礦物。源自於南非喜望峰發現此礦物的荷蘭人浦利恩上校。據說只要配戴此石與他人接觸，必能看清對方的本質，因此也叫洞悉眞實之石。

葡萄石是在玄武岩的裂縫或空洞中和針鈉鈣石(水松石)共生的寶石，為葡萄狀的集合體，具有良好的淨度，但常常可見到礦物包裹體，例如：綠簾石Epidote和銅。其化學成分為含水鈣鋁矽酸鹽$Ca_2Al_2Si_3O_{10}(OH)_2$。在西元1789年由普雷恩上校(Colonelvon Prehn)將葡萄石命名並帶回歐洲，直到最近幾年才大受歡迎。

*折射率：*1.61~1.64。
*雙折射率：*0.022~0.033。
*產地：*中國、法國、蘇格蘭、南非、澳大利亞、美國。

黃鐵礦
Pyrite

立方晶系的黃銅色硫化鐵FeS_2，有時被誤以為是白鐵礦Marcasite，事實上白鐵礦是硫化鐵的同質多像體，斜方晶系。

因為黃鐵礦看起來跟黃金很像，又被稱為愚人金Fool’s Gold，有金屬光澤， 不透明材料。

其晶型常為立方體、八面體和五角十二面體Pyritohedron，表面常帶有條紋，其條紋始終垂直於立方晶體鄰近的面。

另外還可呈葡萄狀塊狀晶型 、或盤狀，又稱為海膽的放射型條紋。

*比重：*大約5。

珍珠
Pearl

為六月的生日石，珍珠的形成主要是由於軟體動物的防禦機能，為了保護自己，分泌珍珠質將外來物質層層包住，就形成了珍珠。

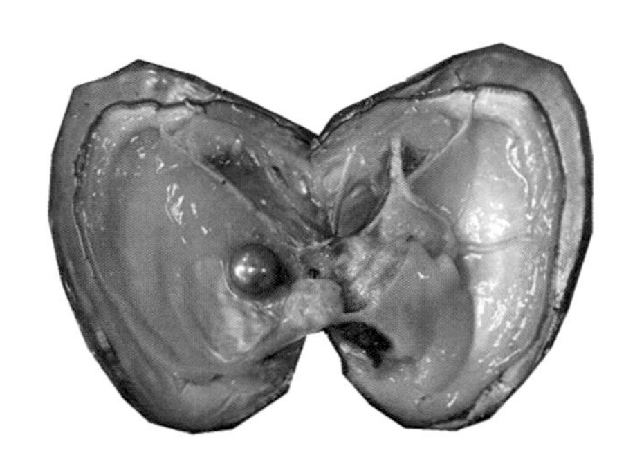

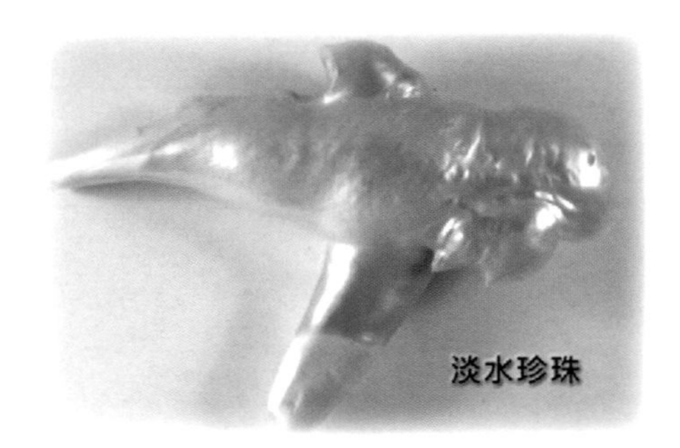

珍珠在軟體動物中形成過程

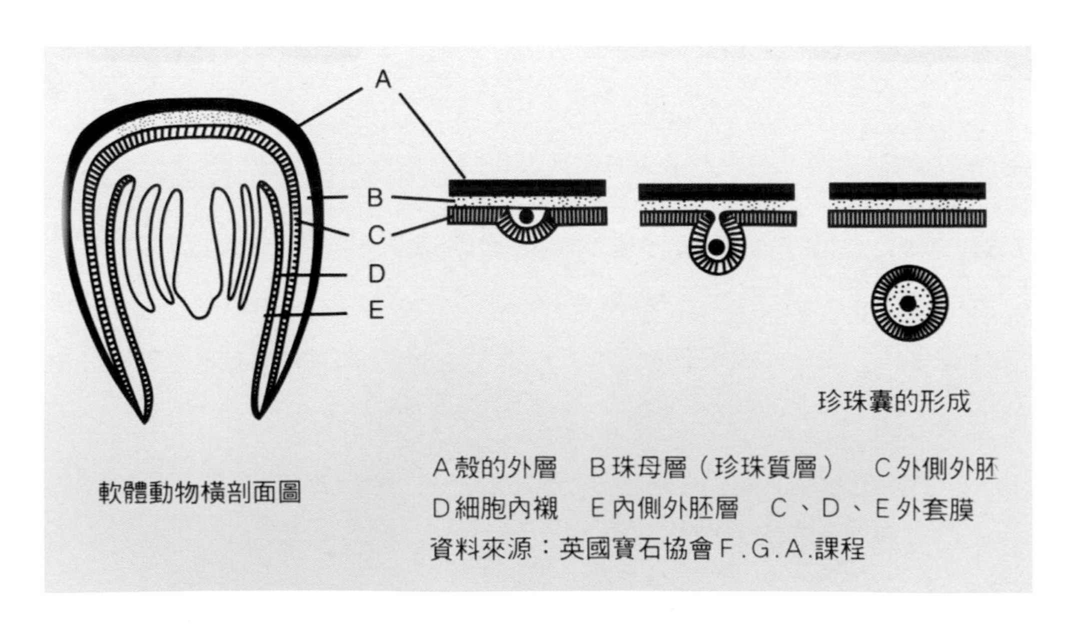

珍珠的種類有：

一、天然的(Natural)：完全經天然過程生成。
二、養殖的(Cultured)：由人工飼養長成的。
三、海洋珍珠(Marine)或(海水的Salt Water)。
四、淡水珍珠(Fresh Water)。

*起源：*最重要的產珠動物為海水牡蠣(Oysters)和淡水河畔(Mussels)為雙殼類。腹足綱(Gastropods)，如海螺珍珠(Conch Pearls)。包囊珍珠形成於軟體動物內，貝附珍珠在殼內形成，要鋸開殼才能取得珍珠。天然珍珠具有珍珠質組成的同心圓結構。

養殖珍珠又分有核海水養殖珍珠跟無核淡水養殖珍珠。

珍珠重量單位–珍珠格令=0.25克拉。
養殖珍珠重量單位–毛美(Momme)=3.75克拉=1錢(金制衡)重量。
養殖珍珠的形成過程跟天然珍珠的原理相同，只是有分有核養殖、無核養殖跟半珠養殖。

有核海水珍珠：

先在珍珠養殖場養殖牡蠣，養殖過程的開始階段將牡蠣提出水面，在每顆牡蠣內植入一個或多個珠母珠子(通常是北美的淡水河蚌殼製成)，從牡蠣中取出外套膜組織切割成塊，將珠母放入外套膜，再植入牡蠣中，最後放回水中約2~3年，依珍珠層厚度而不同。

阿古屋珍珠(Akoya Pearls)：珠核約6~9mm，產於日本海，又稱為日本珠，大於10mm 的就很珍貴了。

南洋養殖珍珠(South Sea Cultured Pearls)：珠核約有12mm由蠔貝的大小決定，顏色也跟蠔貝的外殼一致，產在南太平洋、菲律賓群島及印尼海域。

大溪地養殖珠(Tahiti Cultured Pearls)：黑色或灰色，珠核約12mm，體色以泛有孔雀綠光澤的黑珍珠最為珍貴。

淡水無核養殖珍珠Fresh Water Cultured Pearl：

中國是世界上最大的珍珠產量國家，目前市場上多為無核珍珠(最早產自日本琵琶湖)，直徑較小的珍珠在較大的河畔中最多，可同時生長約三十顆珍珠，直徑越大數量就越少。

*化學成分：*碳酸鈣$CaCo_3$和一種稱為介殼質的黑色有機物質，其中80%以上是碳酸鈣，10%~14%是介殼質，2~4%是水分，其中碳酸鈣是斜方晶系，其原子結構跟文石一樣。淡水珍珠則含有方解石。

構造：

1. 天然珍珠是由極小的核(有可能是沙子)及環繞它的一系列碳酸鈣組成的同心圓構造。

2. 養珠的珠核是磨成圓形的貝殼，雖然成分是碳酸鈣，但是礦物是方解石呈線狀排列，與天然珍珠不同。可用X光衍射看勞埃圖來鑑定天然珍珠或養殖珍珠。

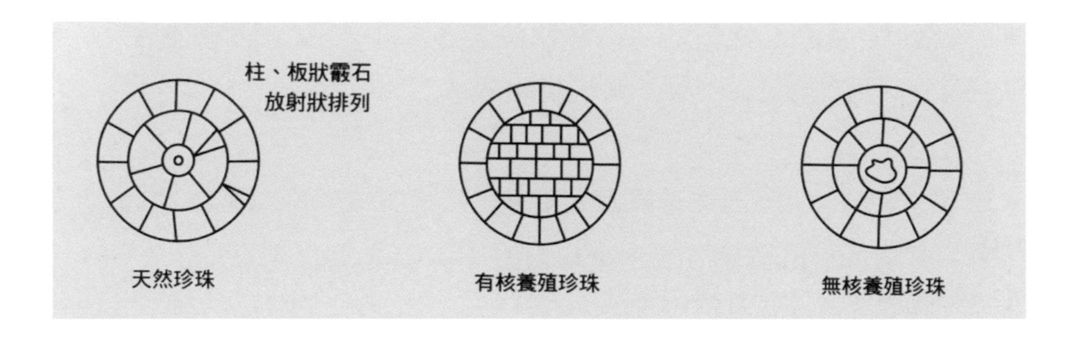

硬度：3.5~4。

比重：2.60~2.78。

光澤：珍珠光澤，這是珍珠特有的。

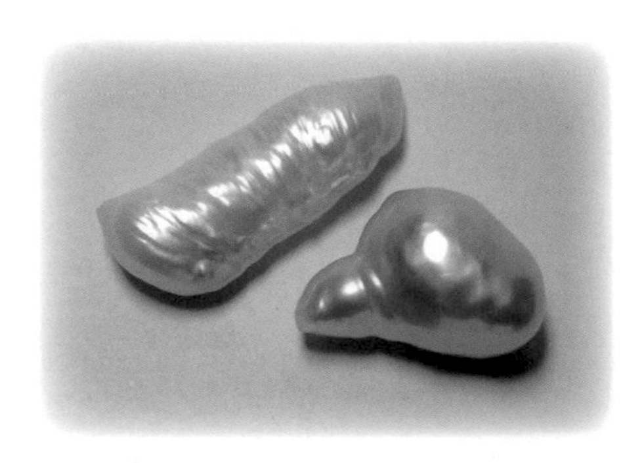

另外，還有海螺珍珠或孔克珠Conch Pearl，產自於鳳凰螺，表面有火焰構造圖案，大部分產於中南美洲，西印度洋跟加勒比海。

美樂珠Melo Pearls是黃色到橙色的圓形珍珠，也是有火焰般的表面紋路，產自於泰國、越南等東南亞海域。

常見的仿品與測試方法：

玻璃珠子、塑膠珠子、貝殼珠子等可塗覆模仿珍珠質外觀的材料稱為鳥嘌呤石(Guanine)。鳥嘌呤石(Guanine)是提取自鯖魚的魚鱗，以微晶體形式存在，可塗覆五~十層，又稱為珍珠精(Essence D'orient)。

十倍放大觀察: 切開海洋珍珠底側觀察，天然無核半珍珠呈現同心環狀結構，有核養殖珍珠會發現色彩均匀的珠核和重疊的珍珠質層。

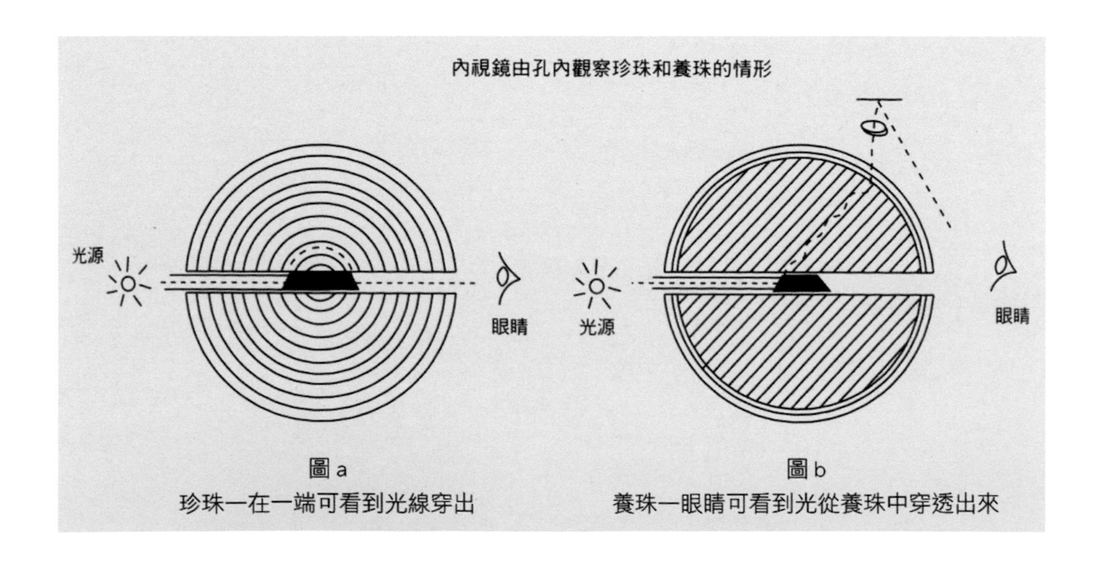

圖 a
珍珠一在一端可看到光線穿出

圖 b
養珠一眼睛可看到光從養珠中穿透出來

琥珀
Amber

琥珀跟蜜蠟一樣是含有碳、氫、氧和微量硫的有機物質。

基本上是松樹樹脂的化石，在地底下醞釀了約一千五百萬年到三億年不等。表面上伴有裂紋和風化的表面，可以肉眼看到在樹脂完全硬化前所包覆進去的昆蟲或樹葉等外來物，其中以波羅的海沿岸所生產的蜜蠟琥珀最為有名。

*顏色：*從黃到褐、淺紅和稍帶白色。淺綠、淺藍少見。隨時間表面會變成褐和紅色。

*透明度：*通常琥珀都是透明到半透明，不透明的我們稱之為蜜蠟，呈現樹脂光澤。

*折射率：*1.54 左右。

多明尼加藍琥珀原石

*光性：*各向同性。

*斷口：*貝殼狀到砂糖狀。

*硬度：*2.5。

*比重：*1.05~1.10(會在飽和的食鹽水SG1.12中浮起來）。

*發光：*反射的日光：藍色或綠色螢光(表面效應)。

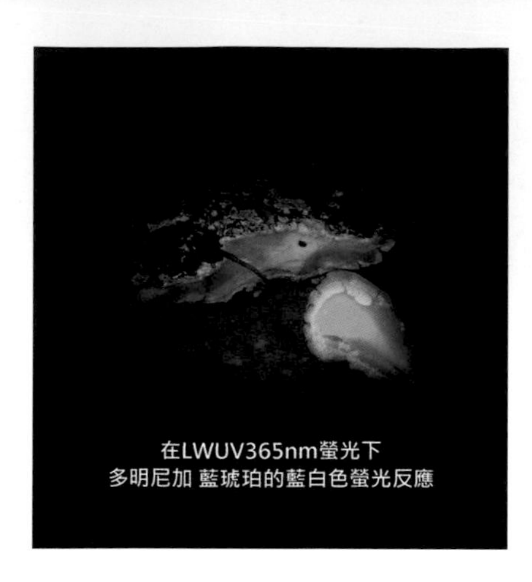
在LWUV365nm螢光下
多明尼加 藍琥珀的藍白色螢光反應

LW UV：藍白色螢光。

SW UV：極弱。

可切性：用刀削時，會崩口或破碎。

電性：摩擦會產生靜電。

熔點：大約200℃～380℃。

加工：多以珠子、弧面寶石、雕刻品、其他飾品。

包裹體：琥珀中的包裹體包括植物碎屑、小動物、昆蟲、蜘蛛以及礦物、液体和氣體。如：多明尼加。這是其他寶石中所見不到的。

穩定性：非常差。需用微溫的水清洗和用柔軟的布擦乾，並且避免長時間在陽光下曝曬。

琥珀產出、年齡和品種：

	年齡（百萬年）	注釋
喀烏里樹膠	大至少於 0.04	通常透明，黃或橙色，具裂紋的表面 見於新西蘭
柯巴樹脂（硬樹脂）	少於 2	大多數是淺黃色，但也可是無色到橙色，具裂紋的表面
第三紀		

婆羅洲	15	通常為非常暗的紅色和近黑色。典型的雲霧狀 並非所有材料都已完全石化，有些人是柯巴樹脂
多來尼加	15 到 25	透明，金黃色，強螢光，有許多包裹體
墨西哥	20 到 30	黃到褐色，可有淺紅色調
西西里	25 到 35	一系列顏色，通常有螢光
波羅的海	30 到 40	有時叫淡黃色琥珀（succinite）。最大的礦床在俄羅斯 Samland 半島的加里寧格勒附近以及波蘭和立陶宛 通常為黃、金黃到褐色，透明到不透明
中國	35 到 57	通常透明，橙或紅色
白堊紀琥珀		
加拿大	70 到 75	
美國新澤西	90	
緬甸	80 到 100	叫緬甸硬琥珀，深櫻紅色到褐色，常含植物碎屑
西伯利亞	85 到 95	
黎巴嫩	110 到 135	通常為黃色，常含大量裂縫
懷特島	130	

琥珀的處理方法：

處理方式	處理說明	判斷方法
壓制琥珀	將碎塊琥珀加熱至200℃～250℃後擠壓、黏結成塊	不同淨度的碎塊間有清晰的邊界；拉長的氣泡；螢光反應不同
淨化／熱處理	加熱去除導致雲霧狀的小氣泡	應力裂縫（睡蓮葉、太陽光芒）
加熱	加熱導致顏色變深	
染色	染色可模仿較陳年的琥珀、特殊顏色 EX：綠色	
塗層	用環氧樹脂塗在表面，使其外部較結實	顯微鏡下可見磨損、剝落
燃燒	通過燃燒弧面寶石的底面使琥珀呈淺綠色	

仿制品與外觀相似的材料：

仿冒品	說明／特徵	辨別
柯巴樹脂（硬樹脂）Copal	比琥珀年輕的樹脂（二百萬年），相似的物理和化學性質，淺金黃色，可含昆蟲。新西蘭的喀烏里樹膠（松科樹脂）和非洲的柯巴樹脂最有名	· 松樹油香味 · 150℃熔化 · 更易裂開 · 在酒精、乙醚中更易溶解

玻璃	欺騙性不高	‧ 玻璃光澤 ‧ H、SG 高 ‧ 接觸有涼感 ‧ 鑄模痕
塑料	可提供有欺騙性的仿製品。常有鑄模痕現在多用聚酯樹脂 Polybern：小片琥珀漂浮其中的彩色聚酯樹脂	‧ 飽和鹽水中會下沉 ‧ 熱針碰有臭味 ‧ 在酒精、乙醚中更易溶解
紅玉髓	看上去十分不同	‧ 色帶 ‧ 光澤不同 ‧ SG、H 高 ‧ 接觸有涼感

琥珀的鑑定：

*比重：*用飽和的食鹽水SG1.12，由於琥珀的比重低於大部分仿品，因此未鑲嵌的琥珀會漂浮溶液上。

*熱針(破壞性)：*琥珀會有松香味，塑膠會有辛辣味，天然非化石樹脂則發出更強的松脂氣味。

*可切性(破壞性)：*用刀片削，琥珀及柯巴樹脂會出現碎片或崩裂，塑膠則會產生彎曲長條。

*電學性質：*琥珀是強絕緣體，用力摩擦會有電荷，可以吸起小紙片(可區分玻璃，但不能區分塑膠)。

*螢光反應：*琥珀在長波下有藍白色螢光，在短波下有淡綠色螢光(多明尼加和墨西哥和西西里島的琥珀有表面效應的綠色螢光，非長久性會褪去)。

珊瑚
Coral

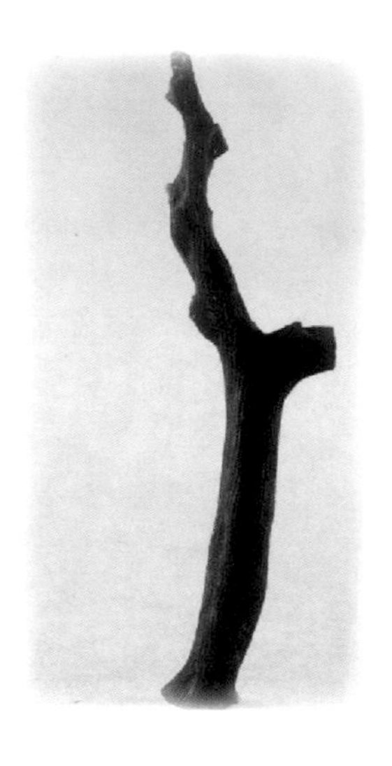

珊瑚是由棲息於海底深度100m以上被稱為珊瑚蟲的生物所生出來的樹枝狀有機質骨骼，主要成分是碳酸鈣。通常分為貴珊瑚跟金珊瑚，是三月的生日石。另外還有：軟珊瑚、化石珊瑚。

貴珊瑚Carol–Precious Corall：市面上的貴珊瑚是指紅珊瑚，由90%以上的方解石(碳酸鈣)組成。貴珊瑚的枝狀結構，縱瘠沿著分支延伸。縱向的支幹管狀縐摺處產生細小結構，枝幹的截面產生同心的蜘蛛網狀結構。

其等級又分為：

AKA阿卡珊瑚是最紅最高等級的，也最為稀少。

沙丁紅珊瑚

沙丁紅是在沙丁尼亞群島，顏色沒有阿卡漂亮但沒有白心且孔洞較少。

MOMO桃紅色。

Angel Skin屬於肉紅色。

珊瑚的生長又分深水料跟淺水料，生長在淺水的珊瑚韌性較好，適合加工，且身價較高。生長在500公尺以下的深水料，因為承受海水的壓力較大，如中途島所產的質地較脆且易裂。

貴珊瑚的硬度約在3.5，比重2.65。
貴珊瑚折射率約1.66，但不建議使用接觸液，會破壞其表面。

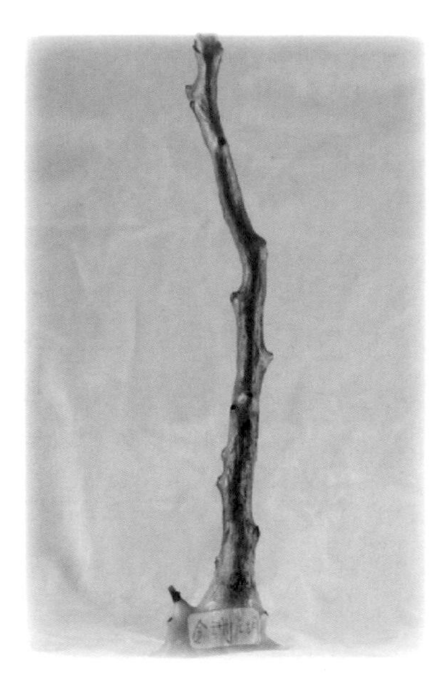

黑珊瑚和金黃色珊瑚：是由介殼質有機化合物(硬蛋白質)、或少量碳酸鈣組成。金黃色可天然生長，但也可透過漂白黑色珊瑚獲得，通常顯示與樹木年輪相似的同心構造，以及表面有明顯丘疹狀。

大部分產出在西印度洋、夏威夷海洋，屬於嚴格控管。而澳大利亞和其南方海域，則是禁止開採。顏色有黑色和金黃色。

*硬度：*2.5~3。
*比重：*約1.37。

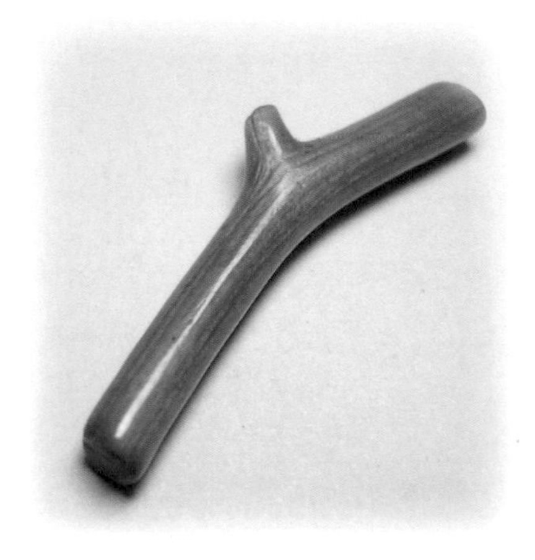

其仿製材料有：

玻璃和塑料：

1.根據光澤、鑄模痕、漩渦狀紋和氣泡等目視特徵。

2.珊瑚特徵的構造用十倍放大鏡觀察最有用。

*染色的大理岩：*具方解石顆粒的粒狀構造，顆粒間有染劑。

軟珊瑚

其實大自然中的很多軟珊瑚並沒有堅硬的骨架，可是首飾中的軟珊瑚具有堅硬的文石骨架，且具有多孔結構，看起來像海綿，又比貴珊瑚易碎。通常為橙色到紅色，具有黃色到棕色的條紋，在寶石行業中多會經過樹脂灌注，提高耐久性，孔洞中可見氣泡。

化石珊瑚

這是在化石過程中以及石化之後由地質作用而產生的，通常是由方解石或石英替代珊瑚而形成的化石。寶石工業中通常將化石珊瑚加工成珠子或弧面寶石。

再造珊瑚(吉爾森珊瑚)

將碳酸鈣和添加的著色劑一道加壓和加熱使之成固體，顏色太過均勻。SG大致為2.4~2.5。放大觀察，可看出粒狀結構。這種材料因其組成與珊瑚不太一樣，故不能視作真正的合成品。

牙類
Ivory

寶石學上所說的牙類通常是指象牙Ivory，是有機寶石。猛瑪象牙跟大象象牙都以化石型態出現，西元1991年開始，大象象牙貿易已經被禁止，目前的法律對現存的大象實施嚴格的保護。猛瑪象牙的外觀跟大象象牙類似，在禁止銷售大象象牙之後，包括猛瑪象牙在內的化石象牙以及海象象牙變得更加流行了。由於硬度很低，只有2~3，因此適合拿來做雕件，但是象牙的穩定性不好，不能承受酸、鹼與熱，而且容易變黃。

*透明度：*從半透明到不透明。

*體色原為：*白色到淡黃色。

*比重：*約1.4。

*折射率：*1.53~1.57，但不推薦使用折射儀。

*光澤：*屬於蠟狀光澤。

十倍放大觀察可見到：大象象牙具有交叉曲線或帶狀圖案，類似旋轉引擎產生的圖案。但這些交叉線是可以測量的，在大象象牙中的V型線角度通常大於115度，而猛瑪象牙通常接近90度，但因測量困難僅作參考用。

象牙 [旋轉引擎]樣式

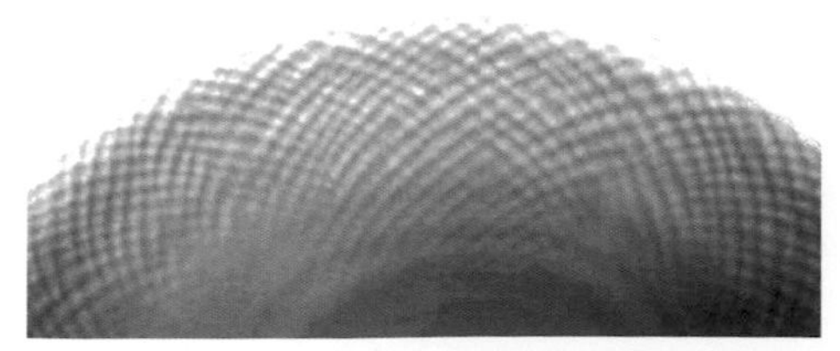

其他還有：

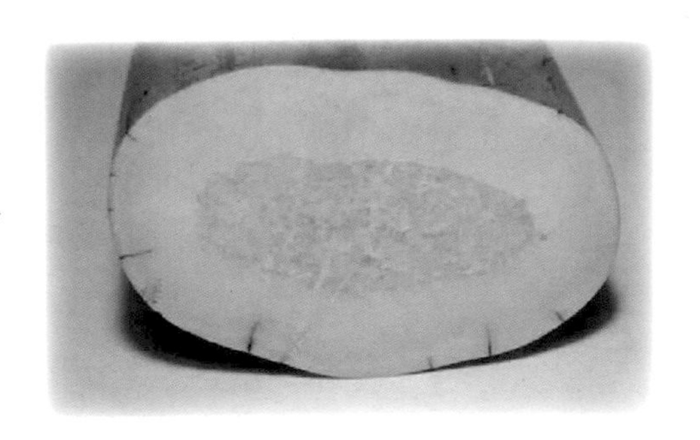

海象象牙：最長的海象牙紀錄為1m，其橫截面中心為繼發性牙本質部分，乃沿著長牙長度的方向延伸，這中心部分是由粗糙的結節狀材料組成。化石海象牙發現於阿拉斯加和西伯利亞。

鯨魚象牙：抹香鯨牙齒長度可達15cm，除了厚厚的一層牙骨質外，其餘部分為堅硬的牙本質。在十八、十九世紀愛斯基摩人常用抹香鯨牙製作雕件。

河馬象牙：具有圓形、方形或三角形的橫截面。整個象牙很堅固，大部分沒有空洞或中心生長核，但三角形的河馬牙例外，有小孔穴。

象牙的仿製品有：

*植物象牙：*是棕櫚樹的果實，例如：象牙棕櫚Corozo的果實，在透射光或反射光下放大觀察，可見點狀或氣孔狀圖案。長度通常不超過5cm，某些橫截面還可看到同心圓。

*骨頭：*骨頭含有許多小管(哈弗斯管Haversian Canals)，在橫截面上看似圓點，縱向截面方向則為細線。

*塑料：*賽璐珞Celluloid可經過層壓後模仿大象象牙縱截面上所能觀察到的條紋效果。某些經層壓的塑膠中可見棋盤狀圖案。現今使用的賽璐珞是一種醋酸纖維素Cellulose Acetate，非常安全。跟以往的硝酸纖維素賽璐珞Cellulose Nitrate不同

牙類：

1. 1991年開始禁止大象象牙貿易。
2. 猛馬象牙跟大象象牙都以化石形態出現。

牙類的其它品種

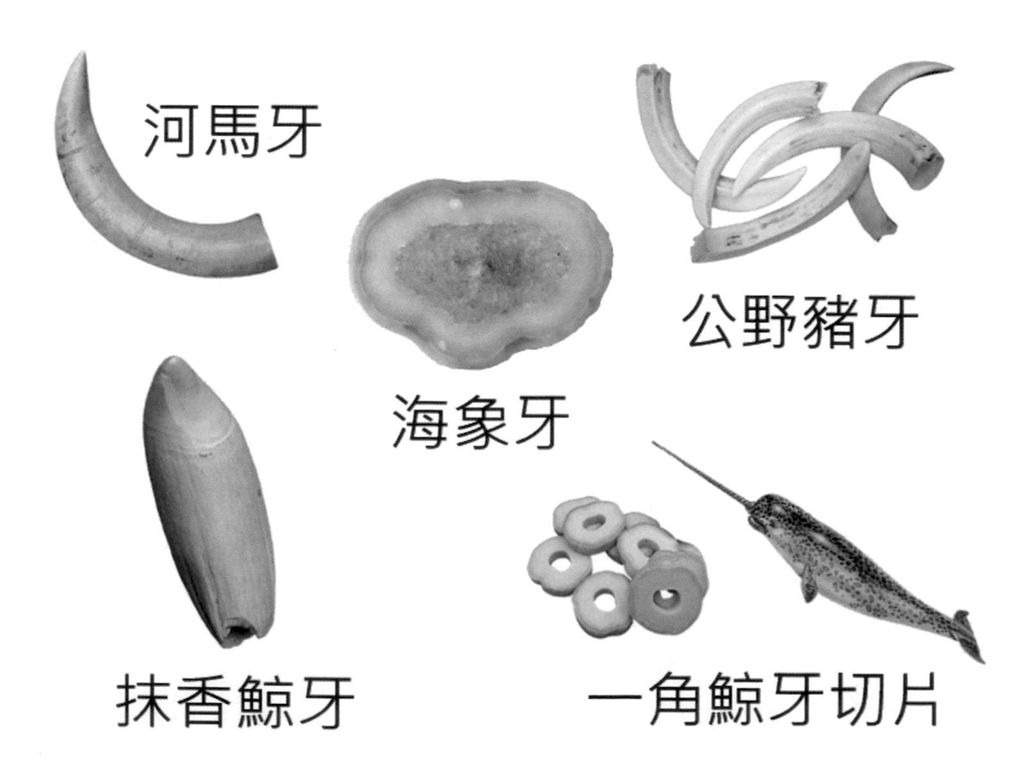

貝殼
Shell

貝殼是一種有機組成材料，主要成分是碳酸鈣，屬於多孔性，在酸作用下會產生氣泡，穩定性很差。

品種有：

貝雕(浮雕)Shell Cameos :

通常是皇后螺Queen Conch或者大海螺Giant Conch 和盔貝Helmet Shell具有層狀結構。這種層狀結構最適合雕刻。大海螺具有粉紅色和白色的分層，盔貝有棕色和白色的分層，而每一層的紋理都垂直於相鄰層的紋理，這也是可與仿製品區分的特徵。

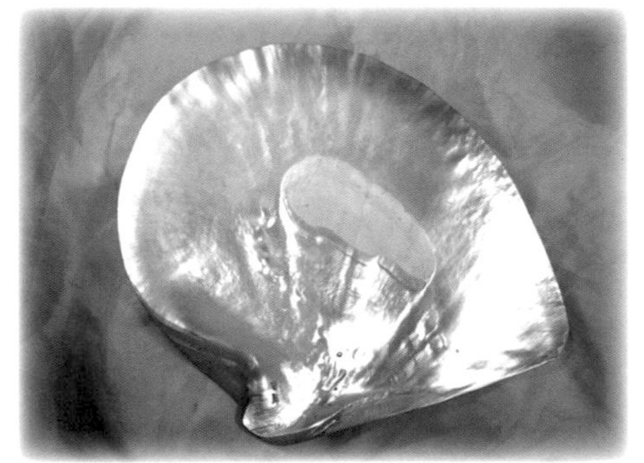

珠母Mother of Pearl :

大的產珠雙殼類：

大珠母貝Pinctada Maxima 和

珠母貝Pinctada Margaritifera。

單殼類：鮑貝Haliotis ，都是因為具有暈彩的珠母殼內襯而具有價值。

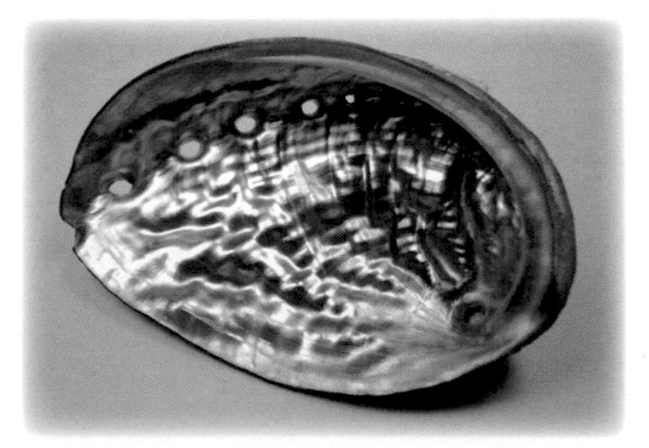

鮑貝可呈現強烈的藍色、綠色和粉紅色暈彩色調。紐西蘭品種的鮑貝目前也用於養殖鮮豔的馬貝Mabe珍珠。
還有用鸚鵡螺Nautilus殼或海螺Sea Snail殼切磨的圓頂橢圓形，鑲嵌時與馬貝珠看來類似，但表面的水平凸起可以區分開來。

殼蓋Operculum：
又稱為中國貓眼Chinese Cat's－Eye，顏色清晰但不常見，常被鑲嵌成墜子。

貝殼化石Fossilized Shells：
是含有各種貝殼化石的石灰岩用在裝飾品，在很罕見的情況下貝殼呈現明亮的暈彩顏色，特別是紅色和綠色。

例如：彩斑菊石Ammolite、菊石殼化石Korite、貝殼大理石Lumachella或者光彩大理石Fire Marble，具體取決於來源、結構及市場。

煤精
Jet

Jet–字起源於拉丁文Gagates。有人說它是煤玉，但又不是玉。含有微量礦物的碳氫化合物，是屬於石化木，和煤礦一樣都是在數千年以前沉入水中的木材，經由地層巨大的力量壓縮而成的木材化石，看起來類似於褐煤或棕色煤。

煤精是在沉積岩中，由於溫度長期升高，氧氣耗盡下形成的，在原石樣品中常可見到樹木的結構。由於跟琥珀一樣磨擦會產生電荷，因此又被稱為黑琥珀。也有人稱為黑玉。
通常為不透明黑色，具有玻璃光澤到蠟狀光澤，呈貝殼狀斷口。由於硬度低，僅2.5~4，常加工為珠子或雕刻品。

*結構：*非晶質的、有機的。

*折射率：*1.66，各向同性。

*比重：*約1.3。

最有名的產地是英國的惠特比Whitby，其他還有美國、中國、西伯利亞、法國。但以惠特比的煤精較為穩定，(源自於智利南洋杉Araucaria Araucana)不會因為溫度變化而裂開。

鑑定方式：

條痕測試：

在未上釉的瓷板上摩擦或刻劃，惠特比或西伯利亞的煤精會留下深巧克力色的粉末或條痕，其他地區或仿冒品會產生黑色或白色條痕，有些仿冒品硬度較大不會留下條痕。

熱點測試Hot Point Tests和燃燒測試：

可從不顯眼處進行燃燒，煤精燃燒後會有跟煤一樣的氣味，仿冒品會產生硫或辛辣味。但均屬破壞性測試。

國家圖書館出版品預行編目(CIP)資料

寶石鑑定師先修班 / 宋于蘋著. -- 新北市 : 宋于蘋,
2022.03
面； 公分
ISBN 978-957-43-9639-9(平裝)

1.CST: 寶石鑑定

486.8 110021969

寶石鑑定師先修班

作　　者 / 宋于蘋
寶石提供 / 吳照明、宋于蘋
發 行 人 / 宋于蘋
美術設計 / 林聖哲
校　　對 / 林聖哲、芳鄰印刷企業社
出　　版 / 宋于蘋
代理經銷 / 白象文化事業有限公司
地　　址 / 401 台中市東區和平街 228 巷 44 號
電　　話 / 04-22208589
印 刷 廠 / 芳鄰印刷企業社
出版日期 / 2022年3月 珍藏版
定價 498 元

ISBN 978-957-43-9639-9